# 머릿속에 쏙쏙!
# 기상·날씨 노트

디자인·일러스트    스에요시 요시미

머릿속에 쏙쏙!

# 기상·날씨
# 노트

가네코 다이스케 지음  허영은 옮김

시그마북스
*Sigma Books*

# 머릿속에 쏙쏙! 기상·날씨 노트

**발행일**   2021년 1월 11일 초판 1쇄 발행
**지은이**   가네코 다이스케
**옮긴이**   허영은
**발행인**   강학경
**발행처**   시그마북스
**마케팅**   정제용
**에디터**   장민정, 최윤정, 최연정
**디자인**   강경희, 김문배

**등록번호**   제10-965호
**주소**   서울특별시 영등포구 양평로 22길 21 선유도코오롱디지털타워 A402호
**전자우편**   sigmabooks@spress.co.kr
**홈페이지**   http://www.sigmabooks.co.kr
**전화**   (02) 2062-5288~9
**팩시밀리**   (02) 323-4197
**ISBN**   979-11-90257-97-8(03450)

ZUKAI MIJIKA NI AFURERU "KISHOU·TENKI"GA 3 JIKAN DE WAKARU HON
© DAISUKE KANEKO 2019
Originally published in Japan in 2019 by ASUKA PUBLISHING INC.
Traditional Korean translation rights arranged with ASUKA PUBLISHING INC.
through TOHAN CORPORATION, and EntersKorea Co., Ltd.

* **시그마북스**는 ㈜**시그마프레스**의 자매회사로 일반 단행본 전문 출판사입니다.

# 시작하며

기상과 날씨의 세계에 온 것을 환영한다!

사람들은 얼마나 자주 날씨 예보를 확인할까? 대부분 아침마다 습관처럼 날씨 예보를 확인할 것이다.

그렇다. 우리는 생각보다 훨씬 많이 날씨를 신경 쓰고, 가까이 느끼면서 생활하고 있다.

하지만 일상생활과 밀접한 관계가 있음에도 불구하고 기상이나 날씨에 대해 배울 기회는 많지 않다.

대부분의 독자는 학창 시절 이후 기상 분야를 포함한 지구과학에 대해 제대로 공부한 적이 없을 것이다. 그래서 이 책을 쓸 때도 누구나 쉽게 이해할 수 있도록 편안한 문장으로 설명하려고 정성을 쏟았다. 우리 생활과 함께 흘러가는 기상 및 날씨를 즐겁게 공부할 수 있는 책이 되길 바라면서 말이다.

최근에는 거의 해마다 기상재해가 발생한다. 게릴라성 호우나 온난화, 이상기후 등 여러분도 들으면 마음이 무거워지는 단어가 있을 것이다.

이 책은 이처럼 우리가 생활 속에서 접하게 되는 기상 및 날씨에 대한 주제를 한데 모았다.

어떤 주제는 살짝 옆길로 새서 잡담이나 뒷이야기를 늘어놓는 등 질리지 않고 끝까지 읽을 수 있도록 다양한 방법으로 설명했다. 처음부터 차근차근 읽어도 되고, 관심 있는 부분부터 골라서 읽어도 재미있을 것이다.

기상 및 날씨는 조금만 공부해보면 너무 재미있어서 깊게 빠져드는 매력이 있을 뿐만 아니라, 여러 질문이 꼬리를 물어 잠 못 이루는 밤을 보내게 되기도 하고, 앞으로 다가올 상황이 두려워져서 조마조마한 감정을 느끼게 되기도 하는 분야다.

거대한 자연 앞에서 인간은 무력하지만, 원리나 내용을 제대로 알면 공포감을 이겨내고 대책을 세울 수 있다.

이 책을 통해 앞날을 대비할 수 있는 지식을 얻길 바란다.

그럼, 지금부터 매력이 넘치는 기상의 세계를 알아보자!

2019년 7월

가네코 다이스케

# 차례

## 제 4 장   태풍

## 제 5 장   기상재해와 이상기후

## 제 6 장   일기 예보의 시스템

# 제 1 장

# 날씨에 관한 기초 지식

# 01

## 구름이 생기려면 무엇이 필요할까?

날씨의 변화를 일으키는 바람과 구름은 서로 뗄 수 없는 관계라고 할 수 있다. 구름이 생기는 원리부터 시작해 날씨에 대한 이야기를 하나씩 풀어보자.

### 구름은 상승 기류에 의해 생긴다

바람은 북쪽에서 남쪽으로(또는 남쪽에서 북쪽으로), 동쪽에서 서쪽으로(또는 서쪽에서 동쪽으로) 분다고 생각하기 쉽다. 하지만 지구는 삼차원 공간이기 때문에 바람이 위아래 방향으로 불기도 한다.

아래에서 위로(땅에서 하늘로) 부는 바람을 **상승 기류**, 위에서 아래로(하늘에서 땅으로) 부는 바람을 **하강 기류**라고 한다.

상승 기류는 구름을 만드는 필수 요소다. 즉, **구름이 있다면 그곳에 상승 기류가 형성되었다는 뜻**이다. 상승 기류가 강할수록 두꺼운 구름이 생기고, 강한 비나 눈이 내릴 수 있다.

보통의 저기압에서는 초속 몇 cm 정도의 상승 기류가 일어난다. 그런데 거센 뇌우가 퍼부을 때는 초속 10m를 넘는 상승 기류가 나타날 때도 있다. 1초 동안 10m나 이동하는 바람이 쉴 새 없이 하늘로 휘몰아치는 것이다.

일본에서는 거의 발생하지 않지만 미국 등지에 나타나는 사례 중에 슈퍼셀이 있다. 슈퍼셀은 토네이도를 일으키기도 하면서 지상을

왼쪽(약한 상승 기류)에서 오른쪽(강한 상승 기류)으로 갈수록 구름이 크게 발달한다.

**상승 기류가 강할수록 구름이 두꺼워진다**

휩쓸어버리는 거대한 적란운[1]이다. 슈퍼셀의 풍속은 무려 초속 50m에 달하는 경우도 있다.

### 상승 기류는 왜 일어날까?

상승 기류가 일어나는 계기는 다양하다.

예를 들면 **바람과 바람이 부딪칠 때**, 바람이 땅 위에 머물지 못하고 하늘로 솟아 상승 기류가 생긴다.

또 태양열을 받아 땅 가까이에 있는 공기가 따뜻해지면, 데워진 공

---

1 슈퍼셀은 적란운이 비정상적으로 발달해서 긴 시간 동안 매우 위험한 기상 현상을 일으키는 것을 말한다. 일반적으로 적란운의 수명은 1시간 정도이지만, 슈퍼셀은 몇 시간에 걸쳐 힘을 발휘하기도 한다. 일본은 미국처럼 대평원이 없고 지형이 울퉁불퉁하기 때문에 마찰이 생겨서 적란운이 크게 발달하기 어렵다.

기가 가벼워져서 열기구처럼 올라가게 된다.

상승 기류의 바람을 타고 솔개 같은 새들은 원을 그리듯이 날아다닌다.

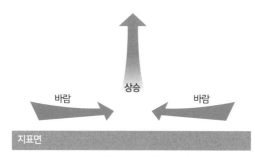

바람과 바람이 부딪쳐서 발생한다.

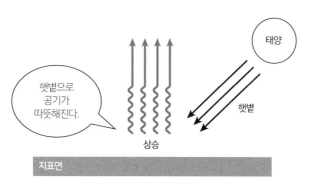

태양열을 받아서 발생한다.

**상승 기류가 생기는 계기**

# 02

## 대기와 기압이란 무엇일까?

일상생활 속에서 공기를 의식하는 사람은 드물겠지만, 우리 주변은 공기로 가득하다. 공기에는 무게가 있고, 우리는 공기의 압력을 받으면서 살고 있다.

### 대기란?

대기는 지구 표면을 층층이 덮고 있는 기체를 말한다. 우리가 공기라고 부르는 것과 거의 같다고 생각해도 좋다.

지구 표면은 중력이 끌어당긴 대기(기체·공기)로 덮여있으며, 하늘로 높이 올라갈수록 중력의 영향이 작아지고 대기도 옅어진다.

대기에는 질소 약 78%, 산소 약 21%, 희소 가스의 한 종류인 아르곤

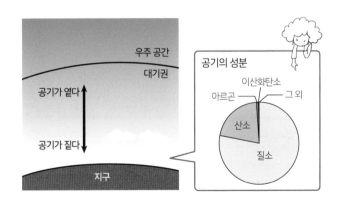

**공기의 농도와 성분**

0.93%, 이산화탄소 0.03%, 그 밖에 무수한 종류의 기체가 조금씩 포함되어 있다.

## 기압이란?

공기에도 무게가 있다는 사실을 아는 사람은 얼마나 될까? 현대인이라면 당연하다고 생각할지도 모르지만, 1600년대에 토리첼리(이탈리아의 물리학자로 갈릴레오의 제자)가 최초로 이 내용을 주장했을 때는 믿는 사람이 별로 없었다.

물속에서 느껴지는 수압을 상상해보자. 물속 깊이 잠수하면 고막이 아프거나 코피가 나기도 한다. 더욱 깊이 잠수하면 납작하게 짓눌리기도 한다. 이것은 깊이 잠수했을 때 자기보다 위쪽에 존재하는 물의 무게에 눌려서 나타나는 현상이다. 이때 물이 누르는 힘을 수압이라고 한다.

토리첼리는 수압에 빗대어 "우리는 공기의 바닷속에 살고 있다"고 말했다. **공기 속에서 사는 것은 물속에서 사는 것과 비슷하다는 의미다.**[1]

이러한 공기의 압력을(물의 압력을 수압이라고 부르는 것처럼) 기압이라고 부른다.

기압의 크기를 나타내는 단위는 날씨 예보에 자주 등장하는 **헥토파스칼(hPa)**로, **지구 표면의 평균기압은 1,013hPa**이다.

---

1  물론 액체와 기체는 다르지만, 물리학적으로는 모두 변형이 쉽고 흐르는 특징을 가진 유체이므로 압력과 같은 성질에 대해서도 비슷하게 반응한다고 생각할 수 있다.

## 기압과 고도

물속에서 위로 갈수록 수압이 약해지듯이 공기 중에서도 하늘로 올라 갈수록 기압이 낮아진다. 머리 위에 있는 공기의 양이 줄기 때문이다.

평지에서 과자 봉지를 갖고 산에 올라가면 빵빵하게 부푼다. 평지보다 산의 기압이 낮아서 과자 봉지의 주위 압력이 작아지기 때문이다(예를 들어 표고 2,000m 산의 기압은 800hPa 정도로 낮아져서 과자 봉지를 누르는 공기의 힘이 평지의 80% 정도가 된다).

우리 몸은 어느 정도 기압의 변화를 견딜 수 있는데, 그중 가장 약한 부분이 고막이다. 기압이 갑자기 내려가면 고막 안쪽의 기압이 바깥쪽보다 상대적으로 높아져, 고막이 몸 안쪽부터 바깥쪽으로 압박을 받게 된다. 엘리베이터가 빠르게 올라갈 때나 비행기가 이륙할 때 귀가 먹먹해지는 것은 바로 이러한 현상 때문이다.

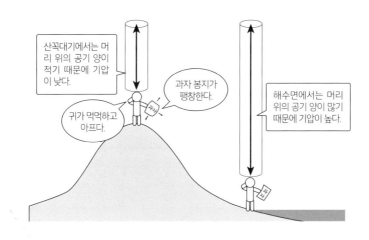

기압의 차이

## 03

# 저기압과 고기압은 어떻게 생길까?

날씨 예보에 등장하는 용어 중에 저기압과 고기압이 있다. 2가지 기압이 어떻게 다른지 각각의 특징과 차이점을 살펴보자.

### 저기압과 고기압의 차이점은?

지구 표면의 평균기압은 1,013hPa이다. 이 수치는 어디까지나 평균일 뿐, 모든 장소의 기압이 똑같은 것은 아니다. 실제로는 기압이 높은(공기가 진한) 곳도 있고, 낮은(공기가 옅은) 곳도 있다.

주변보다 기압이 높은 곳을 고기압, 주변보다 기압이 낮은 곳을 저기압이라고 부른다. 몇 hPa 이하(이상)이면 저기압(고기압)이라는 절대적인 기준은 없다. 중요한 것은 '기압이 주변보다 높은지 낮은지'다.

주변 기압이 1,050hPa일 때 1,030hPa인 곳은 저기압이 되고, 주변이 1,008hPa이면 1,010hPa이라도 고기압이 된다.

주관적인 의견으로 일본 간토 지방(일본의 도쿄를 포함한 수도권 지방)에 비를 내리는 저기압은 평균 1,000hPa 정도인 것 같다. 태풍이면 970hPa 정도일 것으로 생각한다. 1959년에 발생한 태풍 베라[1]의

---

1  태풍 베라는 1959년 9월 26~27일에 일본 혼슈를 종단하였으며, 특히 나고야시 주변에 막대한 피해를 끼쳤다. 제2차 세계대전 이후 일본에서 5,000명이 넘는 희생자를 낳은 자연재해는 한신·아와지대지진과 동일본대지진, 태풍 베라뿐이다.

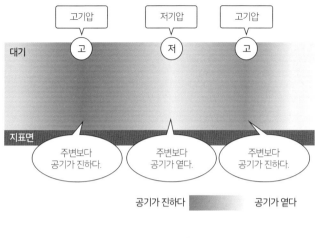

저기압과 고기압

중심기압은 930hPa이었고, 2013년에 필리핀을 덮쳐 8,000명 이상 희생자를 남긴 태풍 하이옌[2]은 중심기압이 895hPa까지 달했다(비공식 관측으로는 860hPa을 기록했다고 한다).

### 기압은 어떻게 발생할까?

저기압과 고기압의 발생 원리는 무엇일까? 기압이 발생하는 패턴은 다양한데, 열쇠를 쥐고 있는 요소는 바로 기온이다.

공기는 따뜻하면 밀도가 낮아지고, 차가우면 위축되면서 밀도가 높아진다.

다시 말해 국지적으로 고온이 된 장소는 공기 밀도가 낮아져서(기압이 낮아

---

2  2013년 11월 4일에 필리핀 중부에 상륙한 후 베트남과 중국으로 진출한 슈퍼 태풍이다. 중심기압은 895hPa, 최대순간풍속은 90m/s(미군 관측 기록 105m/s)에 달했으며, 사망 및 실종자는 약 8,000명, 피해자는 약 1,600만 명이 발생한 대참사로 남았다.

**따뜻한 공기와 차가운 공기의 기압**

져서) 저기압이 생기기 쉬워지며, 반대로 저온이 되면 공기 밀도가 높아져서(기압이 높아져서) 고기압이 되기 쉬워진다.

예를 들면 시베리아 대륙은 겨울이면 꽁꽁 얼어서 시베리아 고기압이라는 세계 최강의 고기압이 생겨나고, 반대로 여름에는 더워져서 저기압이 우글우글 들끓는 경우가 많다. 이러한 현상은 기온이 고기압과 저기압의 발생에 큰 영향을 주는 것을 보여준다.

# 04

## 왜 저기압일 때 날씨가 흐리고
## 고기압일 때 맑을까?

바람은 기압이 높은 쪽에서 낮은 쪽으로 분다. 고기압은 바람이 주변으로 흘러 나가고, 저기압은 주변에서 바람이 흘러 들어온다. 이러한 움직임의 특징이 날씨에 영향을 준다.

### 저기압은 움푹 꺼진 땅과 같다

물이 높은 곳에서 낮은 곳으로 흐르듯이 공기도 기압이 높은 곳에서 낮은 곳으로 흐른다. 이때 바람이 생긴다.

저기압은 주변보다 기압이 낮은 '움푹 꺼진 땅'과 같다. 이런 장소에는 주변 바람이 흘러들어 고인다. 한데 모인 바람은 서로 충돌하기 때문에 지표면에 머물지 못하며 하늘로 솟아올라 **상승 기류를 발생시키고 구름을 형성한다.**

유입된 바람끼리 충돌하면서
상승 기류가 생기고 구름이 발생한다.

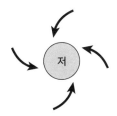

바람은 지구 자전의 영향을 받아
시계 반대 방향으로 소용돌이를 그리며 움직인다.

**저기압의 바람과 소용돌이**

저기압으로 모인 바람은 지구 자전의 영향을 받아서 **시계 반대 방향**으로 회전한다.

### 고기압은 언덕과 같다

고기압은 주변보다 기압이 높은 '언덕'과 같다. 주변에서 바람이 모여드는 저기압과 반대로 바깥으로 바람이 흩어진다. 이때 하늘에서 땅으로 끌어당겨지듯이 바람(하강 기류)이 불기 때문에, 구름이 사라지고 날씨가 맑아진다.

고기압의 바람은 지구 자전의 영향을 받아서 **시계 방향으로 소용돌**이를 그리며 분다.

발산된 바람이 하강 기류를
만들어서 구름이 사라진다.

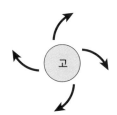

바람은 지구 자전의 영향을 받아
시계 방향으로 소용돌이를 그리며 움직인다.

**고기압의 바람과 소용돌이**

## 날씨를 나쁘게 만드는 오호츠크해 고기압

고기압의 영향권인데도 구름이 많거나 비가 내리는 경우가 있다. 그 중 **오호츠크해 고기압**이 유명하다.

일본 동북부 산리쿠오키 해역부터 오호츠크해[1]에 걸쳐 고기압이 발달하면, 바다에서 육지 쪽으로 습한 북동풍이 몰려와 혼슈 부근에 가랑비가 내리거나 짙은 안개가 낀다. 이 북동풍은 일본에서 '재넘이 바람[2]'이라고 하는데, 여름철에 장기간에 걸쳐 불면 냉해의 원인이 된다고 알려져 있다.[3]

오호츠크해 고기압은
일본 동북부의 태평양 쪽 지역에 습한 북동풍을 몰고 온다.

**오호츠크해 고기압**

1  일본 북부와 러시아의 가장자리에 있는 바다.-옮긴이
2  산을 넘어 내리 부는 건조하고 차가운 바람.-옮긴이
3  우리나라에서도 오호츠크해 기단의 세력이 강화되어 장기간 영향을 미칠 때는 영동 지방에서 냉해를 입기도 한다. 이때 영동 지방은 한랭습윤하며 음산한 날씨가 나타나지만, 영서 지방은 높새바람(북동풍, 푄 현상)으로 고온건조해져서 가뭄 피해를 겪게 된다.-옮긴이

## 재넘이 바람이 불러오는 서늘한 여름

일본에서는 예로부터 북동쪽을 '귀문(鬼門)'이라 하여, 귀신이 출입하는 방위로 여겼다. 이 방향을 불길하게 여기는 이유에는 여러 가지 설이 있는데, 개인적으로는 재넘이 바람도 관계가 있을 것으로 짐작한다.

도쿄에 재넘이 바람인 북동풍이 불면 기온이 뚝 떨어져서 체감온도가 추워지고, 구름이 낮게 깔려 하늘이 어두워지며, 가랑비가 오락가락 내리는 음침한 날씨가 된다. 이런 날씨는 건강에 해로울 뿐 아니라 기분이 우울해지고, 벼농사도 흉작으로 이어지는 등 좋은 일이 하나도 없다. 이러한 상황 때문에 북동쪽에서 부는 바람은 날씨를 나쁘게 만드는 귀문이라고 불리게 되었을 것이다.[4]

---

4  일본에서 '여름이 사라졌다'고 할 만큼 심각했던 1993년의 냉하 현상도 재넘이 바람에 의한 것이었다. 기록적인 냉하로 인해 쌀이 부족해서 긴급히 태국에서 수입해야 했다.

# 05

## 전선은 어떻게 발생할까?

장마전선, 가을장마전선[1], 한랭전선···. 누구나 한 번쯤 들어봤을 법한 전선은 우리의 일상생활에 많은 영향을 주는 기상 현상이다. 전선에는 4가지 기본 형태가 있다. 자세히 알아보자.

### 전선이란?

차가운 공기(한기)와 따뜻한 공기(난기)가 부딪치면 어떻게 될까? 작은 그릇 안에서 실험하면 금세 섞여버리지만, 몇백 km 혹은 몇천 km 크기의 공기 덩어리(기단)끼리 부딪치면 눈 녹듯이 자연스럽게 섞이지 않는다. 이러한 경우는 며칠에서 몇 주에 걸쳐서 경계가 유지

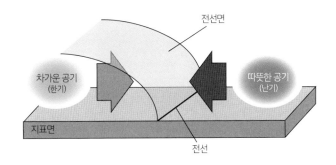

**전선면과 전선**

---

1  9월 중순에서 10월 중순에 걸쳐 일본 남해안에 정체하는 장마전선을 말한다. 우리나라의 가을장마는 8월 말부터 10월까지 중국 쪽으로 올라갔던 장마전선이 시베리아 고기압에 밀려 한반도로 내려와 비를 뿌리는데, 이때의 정체전선에 대한 특별한 이름은 없다.-옮긴이

된다. 이 경계를 **전선면**이라고 부르며, 전선면이 지표면과 맞닿는 부분이 **전선**이다.

전선은 크게 온난전선, 한랭전선, 정체전선, 폐색전선 등 4가지 종류로 구분할 수 있다. 전선의 분류는 차가운 공기와 따뜻한 공기가 충돌할 때 어느 쪽의 힘이 더 강한지에 따라 결정된다.

## 온난전선

따뜻한 공기의 세력이 강하고, 따뜻한 쪽에서 차가운 쪽으로 밀어내는 전선을 **온난전선**이라고 한다.

온난전선에서는 따뜻한 공기가 차가운 공기 위로 느리게 미끄러져 올라가기 때문에 **넓은** 면적의 층운형 구름이 생긴다. 그래서 온난전선이 발생하면 **넓은 범위에 오랫동안** 비나 눈이 조금씩 내린다.

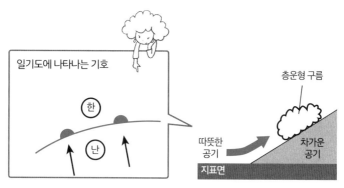

따뜻한 공기의 세력이 강하고, 차가운 공기 위로 천천히 상승한다.
넓게 퍼진 층운형 구름이 형성되면서 넓은 범위에 오랫동안 약한 비가 내린다.

**온난전선**

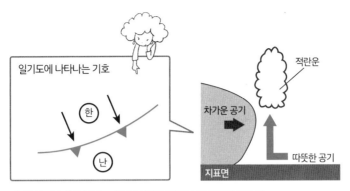

차가운 공기의 세력이 강하고, 차가운 공기가 따뜻한 공기 아래로 파고든다.
적란운이 발생하면서 좁은 범위에 짧은 시간 동안 세차게 비가 내린다.

한랭전선

## 한랭전선

온난전선과 반대로 차가운 공기의 세력이 더 강하고, 차가운 쪽에서
따뜻한 쪽으로 충돌하는 전선이 **한랭전선**이다.

한랭전선에서는 차가운 공기가 따뜻한 공기 밑으로 파고들어 따뜻
한 공기를 억지로 들어 올리는(차올리는) 듯한 현상이 일어난다. 급격
한 상승 기류가 생기고, **적란운**이 형성된다. **폭우나 폭설이 내리기 쉽고
천둥, 번개, 돌풍, 회오리 등을 동반하기도 한다.** 이러한 기상 현상이 일어
나는 시간은 짧고, 범위도 좁은 경향이 있다.

## 정체전선

양쪽 공기 덩어리가 비슷한 힘으로 맞붙어 한 위치에 머물러 있는
경우를 **정체전선**이라고 부른다. 손바닥 씨름을 상상하면 쉽게 이해된

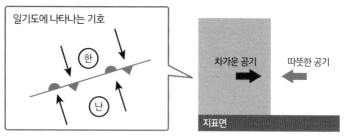

따뜻한 공기와 차가운 공기가 비슷한 힘으로 부딪친다.

정체전선

다. 이 정체전선의 단짝 친구가 바로 장마전선이다.[2]

## 폐색전선

북반구에서 저기압은 시계 반대 방향으로 소용돌이를 그리며 회전한다. 이때 저기압의 오른쪽에는 남쪽의 따뜻한 공기가 흘러들어 온난전선이 형성되고, 왼쪽에는 북쪽의 차가운 공기가 다가와 한랭전선이 형성된다.

한랭전선은 온난전선보다 속도가 빠르기 때문에 시계의 시침과 분침처럼 온난전선을 따라잡는다. 이때 두 전선이 겹쳐진 부분을 폐색전선이라고 부른다.

---

2 일본의 장마전선은 동쪽 지역에서는 따뜻한 공기와 차가운 공기가 맞부딪쳐 생기지만, 서쪽 지역에서는 습하고 따뜻한 공기와 대륙의 건조하고 차가운 공기가 만나는 방식으로 발생한다 (이것을 일본에서는 '수증기전선'이라고 부른다). 자세한 내용은 제3장에서 다룬다.

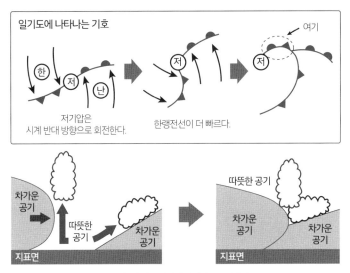

일기도에 나타나는 기호

저기압은
시계 반대 방향으로 회전한다.

한랭전선이 더 빠르다.

여기

따뜻한 공기

차가운
공기

따뜻한
공기

차가운
공기

차가운
공기

차가운
공기

지표면

지표면

온난전선과 한랭전선이 겹쳐지는 모양새다.

**폐색전선**

## 전선은 다양한 양상을 띤다

지금까지 전선을 4가지 종류로 나누어 살펴보았는데, 실제로 발생하는 전선은 매우 다양한 양상을 보인다.

예를 들어 온난전선이라도 따뜻한 공기의 역할을 적도에서 발생한 매우 습한 공기(적도 기단)가 맡으면 폭우가 내리기도 하고, 한랭전선이 통과해도 구름이 약간 많아질 뿐 비 한 방울 내리지 않고 소멸하는 경우도 있다.

## 06

# 열대저기압과 온대저기압은 무엇이 다를까?

온대저기압, 열대저기압, 남안저기압, 폭탄저기압… 저기압은 알면 알수록 무척 다양하다. 우리가
알고 있는 여러 저기압 중에는 정식 기상 용어와 그렇지 않은 용어가 있다.

**열대저기압과 온대저기압**

다양한 저기압 중에서 발생 장소에 따라 분류된 사례부터 살펴보자.

지구는 적도에서 극지방으로 갈수록 기온이 서서히 내려간다. 그 중 특히 급격하게 온도가 변하는 곳(따뜻한 공기와 차가운 공기가 충돌하는 곳)이 있는데, **전선대**라고 부른다.

이 전선대보다 남쪽에서 발생하는 저기압이 열대저기압이다.

그중 중심 부근의 최대풍속이 초속 17.2m 이상으로 발달한 열대저기압이 태풍이다.

열대저기압은 따뜻한 공기만으로 생긴 회오리라서 대부분 전선을 동반하지 않는다.

한편 **전선대 부근에서는 온대저기압이 발생**한다. 일본에서는 온대저기압을 단순하게 저기압이라고 부르기도 한다.

전선대는 따뜻한 공기와 차가운 공기가 맞부딪치는 공간이므로 앞서 이야기한 것처럼 전선을 동반하는 경우가 일반적이다.

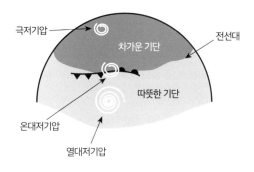

**전선대와 저기압**

## 남안저기압과 극저기압

2월경 타이완 부근에서 발생해 일본 남쪽을 따라 북동 방향으로 진출하는 온대저기압을 **남안저기압**이라고 부른다.

남안저기압은 북쪽에서 찬 공기를 끌어당기기 때문에 눈이 적게 내리는 태평양 연안에도 눈을 펑펑 내리게 하는 경우가 있다. 간토 지방에 사는 사람들에게는 매우 익숙한 저기압일 것이다.

전선대보다 북쪽에 있는 차가운 공기(한랭 기단)에서 발생한 저기압은 **극저기압**, 한대기단저기압, 극기단저기압 등으로 불린다. 극저기압이라는 명칭은 낯설게 느껴질 수도 있다. 일기 예보에서는 온대저기압과 마찬가지로 단순히 저기압이라고만 부를 때가 많기 때문이다. 하지만 극저기압의 구조는 태풍과 비슷해서 겨울철 집중호설의 원인이 되거나 천둥, 번개, 돌풍, 회오리 등을 일으키므로 경계가 필요하다.[1]

---

1  2000년 2월 8일에는 극저기압의 영향으로 눈이 잘 내리지 않는 간토 지방의 곳곳에 천둥·번개를 동반한 눈이 내렸고, 이바라키현의 미토시에서는 17cm의 적설이 관측되었다.

## 폭탄저기압

발생 장소가 아닌 발달 상태에 따라서 저기압이라고 이름이 붙는 경우도 있다. 온대저기압 중에서 유난히 급격하게 발달한 것을 **폭탄저기압**이라고 부른다.

　폭탄저기압은 일기 예보에 자주 등장하는데, 이름에서 느껴지는 부정적인 분위기 탓인지 '폭발적으로 발달한 저기압'이라고 내용을 풀어서 설명한다.

# 07

## 왜 저녁노을이 지면
## 다음 날 날씨가 맑다고 할까?

바람도 여러 종류가 있다. 지구 전체를 무대로 부는 바람도 있고, 바다에서 육지로 부는 바람도 있다. 기억해야 할 핵심 내용은 '바람은 기압이 높은 곳에서 낮은 곳으로 분다'는 점이다.

### 무역풍

지구에서 가장 더운 곳은 적도 부근이다. 적도 근처의 더운 지역에서는 공기의 밀도가 낮아지는 경향이 있어서 저기압이 쉽게 발생한다.

적도 지역에는 주변보다 기압이 낮은 저압대가 지구를 감싸는 띠 모양으로 형성되어 있는데, **적도저압대** 혹은 **열대수렴대(ITCZ)**라고 부른다. 적도저압대에서는 적란운이 끊임없이 생겨나서 갑작스러운 비나 뇌우가 자주 내린다. 흔히 말하는 **스콜**[1]이다. 이 지역은 강수량이 풍부해서 열대다우림이 울창하게 형성되어 있다.

적도저압대에서 상승한 공기는 북위와 남위 각각 20~30° 부근에서 하강한다. 이 지점이 **아열대고압대**(중위도고압대)다. 아열대고압대 지역은 구름이 발생하기 힘들고, 강수량이 적으며, 사막이 많다.

바람은 기압이 높은 곳에서 낮은 곳을 향해 분다. 저위도에서는 항상 기압이 높은(공기 밀도가 높은) 아열대고압대에서 기압이 낮은(공

---

1 엄밀히 말하면 스콜은 갑작스럽게 부는 강한 바람을 의미한다.

기 밀도가 낮은) 적도저압대를 향해서 바람이 분다. 이 바람이 **무역풍**[2]
이다. 북반구에서는 북쪽에서 남쪽으로 분다고 알려져 있지만, 실제
로는 지구 자전의 영향을 받아 북동쪽으로 바람이 분다. 마찬가지로
남반구에서는 남동쪽으로 바람이 분다.

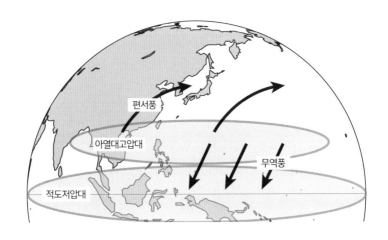

**무역풍과 편서풍**

## 편서풍

아열대고압대에서는 상대적으로 기압이 낮은 고위도 방향으로도 바
람이 분다. 바로 **편서풍**이다. 편서풍은 남쪽에서 북쪽으로 분다고 알
려져 있지만, 실제로는 지구 자전의 영향을 받아 서쪽으로 분다.

---

2  무역풍은 지구에서 가장 변화 없이 온화하게 부는 바람이다. 언제나 한쪽 방향으로 불기 때문
   에 예전부터 많은 무역선이 이 바람을 이용해 일정한 바닷길로 항해했다고 한다. 무역풍이란
   이름은 이러한 배경에서 유래했다.

일본 주변 하늘에는 편서풍이 부는데, 특히 강한 지점을 **제트 기류**라고 부른다. 제트 기류는 1초마다 100m, 시속으로 계산하면 300km를 넘는 속도로 분다. 이 속도는 일본의 고속 열차 신칸센과 비슷하다. 저기압과 고기압도 편서풍을 타고 움직이기 때문에 날씨는 서쪽에서 동쪽으로 바뀐다.

일본에서 비행기를 타고 미국과 같은 동쪽 나라로 여행을 떠나면, 갈 때와 올 때 걸리는 시간이 다르다. 이것은 편서풍을 타고 날아가는지, 역행하여 날아가는지에 따라 생기는 차이다.

날씨와 관련된 속담 중에 '저녁노을이 지면 다음 날 날씨가 맑다'는 말이 있다. 이 속담은 저녁노을이 물드는 서쪽 하늘이 계속 구름 없이 맑다면 편서풍을 타고 다가오는 구름이 없다는 뜻이므로 앞으로의 날씨가 '맑음'으로 예상된다는 의미다.

## 해륙풍

이번에는 육지와 바다(바닷물)에 대해서 생각해보자.

**물의 큰 특징은 데워지기도 어렵고 식기도 어렵다**는 점이다. 해가 뜨면 육지는 얼마 지나지 않아 따뜻해지지만, 바다는 데워지는 속도가 훨씬 느리다. 그래서 낮에는 상대적으로 바다가 차갑고 육지가 따뜻한 온도 분포가 이루어진다.

바람은 기압이 높은 곳에서 낮은 곳으로 불기 때문에 상대적으로 기압이 높은(차가운) 바다에서 기압이 낮은(따뜻한) 육지 쪽으로 바람이 분다. 이것이 **해풍**이다.

반대로 밤이 되면 육지는 점점 식어가는데, 바다는 빨리 차가워지지 않는다. 상대적으로 육지가 차갑고(고기압) 바다가 따뜻한(저기압) 상태가 되어서, 바람은 육지에서 바다로 분다. 이것이 **육풍**이다.

일기 예보를 자주 듣다 보면 날씨가 온화할 때 도쿄에 부는 바람은 '북풍, 낮에는 남풍', 니가타에서는 '남풍, 낮에는 북풍'이라는 발표가 많다는 사실을 눈치챌 수 있다. 바로 해륙풍의 영향으로 나타나는 현상이다.

예외적으로 태풍과 같은 기상 현상이 접근하거나 구름이 해를 가리면 해륙풍의 변화는 크지 않다.

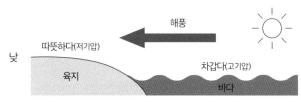

낮에는 육지가 따뜻해지기 때문에 상대적으로 바다보다 기압이 낮다. 그래서 차가운(고기압) 바다에서 육지로 바람이 분다.

밤에는 육지가 차가워지기 때문에 상대적으로 바다보다 기압이 높다. 그래서 따뜻한(저기압) 바다 쪽으로 바람이 분다.

**해풍과 육풍**

## 계절풍

**계절풍**에는 해륙풍과 같은 원리를 대입할 수 있다.

계절풍의 규모는 해안 지방에 부는 해륙풍보다 훨씬 거대한데, '대륙과 태평양'으로 생각하면 적절하다. 이렇게 지구를 아우르는 시각으로 바라보면 일본은 티끌처럼 작은 섬에 지나지 않는다.

여름이 되면 대륙은 금세 뜨거워지지만, 태평양의 온도는 쉽게 오르지 않는다. 온도 차이로 인하여 대륙은 저기압, 태평양은 고기압이 되며, 태평양에서 대륙 방향으로 덥고 습한 남동계절풍이 불게 된다.

반대로 겨울이 되면 대륙은 꽁꽁 얼어붙지만 태평양은 좀처럼 차가워지지 않는다. 이번에는 대륙이 고기압, 태평양이 저기압으로 상황이 바뀌어서 대륙에서 태평양 방향으로 춥고 메마른 북서계절풍이 분다.

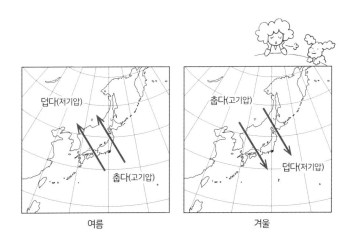

**계절풍**

# 08

## 하늘의 80%가 구름으로 덮여있어도 '맑음'일까?

날씨가 '맑음'이란 어떤 상태일까? 맑음과 흐림의 경계는 명확하지 않다. 또한 하늘이 파랗고 깨끗해서 기분이 좋아지는 맑음이 있는가 하면, 찌는 듯이 더워서 짜증을 부채질하는 맑음도 있다.

## 맑음의 정의

맑음의 기상학적인 정의는 '운량이 2~8 정도일 때'이다. 하늘 전체를 10으로 보고, 10 중에서 얼마만큼 구름으로 덮여있는지 나타낸 것이 운량이다. 즉, 하늘의 20~80%가 구름으로 덮인 상태를 맑음으로 정의한다. 태양이 구름에 가려져도, 얼마나 가렸는지 상관없이 맑음으로 구분한다.

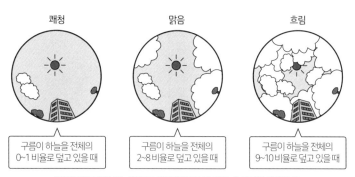

| 쾌청 | 맑음 | 흐림 |
|---|---|---|
| 구름이 하늘을 전체의 0~1 비율로 덮고 있을 때 | 구름이 하늘을 전체의 2~8 비율로 덮고 있을 때 | 구름이 하늘을 전체의 9~10 비율로 덮고 있을 때 |

운량은 예보관이 하늘을 보고, 10등분으로 나누어 눈으로 관측한다(목측).

**쾌청, 맑음, 흐림의 차이**

구름이 매우 적어서 운량이 0~1인 때는 **쾌청**, 9~10이면 **흐림**(눈, 비, 천둥, 번개 등이 없는 경우)이라고 한다.

## 맑음과 불쾌지수

맑은 날씨 중에는 똑같은 25℃의 기온일지라도 쾌적함을 느끼는 경우가 있고, 찜통 같은 더위로 힘든 경우가 있다. 여기에는 습도가 크게 작용한다. 기온이 같아도 습도가 높으면 체감온도는 올라간다.

습도가 낮으면 땀이 계속해서 증발한다. 땀이 증발할 때 기화열[1]을 빼앗기 때문에 피부가 차가워지고 체감온도는 내려간다. 반대로 습도가 높으면 땀이 증발하지 못해 끈적거리고 축축함을 느끼게 된다. 이러한 체감온도를 표현한 것이 **불쾌지수**다.

어느 정도로 불쾌함을 느끼는지는 인종에 따라 다른데, 일본인은 다음 쪽의 그림을 참고하면 된다.

일본은 바다에 둘러싸여서 습도가 높다. 한여름에는 기온이 30℃를 넘고 습도는 60~70% 정도다. 기온과 습도가 모두 높기 때문에(열대야, 바람과 같은 특징도 함께 고려했을 때) 도쿄의 여름 더위는 세계 최상위권에 속한다. 한편 미국의 라스베이거스 등에서는 기온이 40℃에 이르는 날도 있지만, 사막도시라서 습도가 낮아 체감온도는 상상만큼 덥지 않다.

---

1 기화열이란 액체가 기체로 변할 때 주위에서 빼앗는 열을 말한다. 액체가 증발하기 위해서는 열이 필요한데, 액체가 닿아있는 물체에서 빼앗는다. 계속 젖은 채로 있으면 감기에 걸리는 이유는 기화열에 의해 체온을 빼앗기기 때문이다.

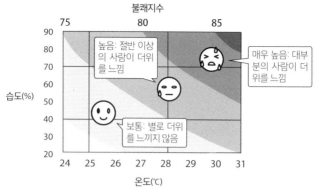

기온이 30℃를 넘으면 불쾌지수가 80 이상이 되는 비율도 높아진다.

불쾌지수

## 냉방과 제습의 차이는?

습도가 높은 더운 날에는 에어컨이 필수다. 그런데 에어컨의 기능에는 공기를 차갑게 만드는(기온을 내리는) 냉방과 습도를 낮추는 제습이 있다. 2가지 기능의 차이는 무엇일까?

냉방은 더운 방에서 열을 몰아내는 방법으로 온도를 낮춰서 시원하게 만드는 기능이다.

한편 제습은 방에서 수분을 제거해서 습도를 낮추는 기능이다. 공기 중의 수분을 흡수해서 열교환기로 열을 빼앗아 습도를 낮춘다.[2] 제습의 방법에는 약냉방 제습(건조)과 재열 제습이 있다.

------

2  공기에는 축적 가능한 수분량이 정해져 있으며 기온에 따라 변화한다. 기온이 높아지면 공기 중에 머금을 수 있는 수분량이 많아지고, 기온이 내려가면 공기 중의 수분량도 줄어든다. 기온 변화로 줄어든 수분은 같은 양만큼 물방울로 변한다. 더운 여름날 컵 주변에 흐르는 물방울은 바로 이러한 현상 때문이다.

약냉방 제습은 눅눅한 공기의 열을 빼앗으면서 수분까지 제거하는 효과로 보송보송하게 만드는 방식이다. 그래서 온도와 함께 습도도 약간 낮아진다(일반적인 냉방 기능과 비교하면 전기료가 적게 든다).

재열 제습은 냉방과 난방을 동시에 하는 방법으로, 방 안의 공기를 데워서 보송보송한 상태로 되돌린다. 열에너지가 손실되는 방식이라서 전기료가 더 비싸지만 덥지 않은 장마 기간에는 유용한 기능이라고 생각한다.

상황에 맞춰서 유리한 기능을 사용하길 바란다.

# 09

## 기온은 어떻게 결정될까?

매일 일기 예보에 등장하는 최저기온과 최고기온은 어떻게 측정할까? 알아야 할 내용과 도움이 될 내용을 함께 살펴보자.

### 기온이란?

기온은 대기의 온도를 말한다. 그늘진 **지표면으로부터 1.5m 떨어진 위치에서 측정**하는 것이 일반적으로, 대략 어른의 눈높이 정도로 생각하면 된다.

기온이 38℃를 넘는 폭염일 때는 조심해야 한다. 왜냐하면 **뙤약볕이 내리쬘 때 지표면 부근의 온도는 다른 곳보다 훨씬 더 높기** 때문이다. 그래서 특히 영유아와 애완동물은 열사병에 걸리지 않도록 주의를 기울여야 한다.

기온을 나타내는 단위로 일본에서는 **섭씨(℃)**[1]를 사용한다. 섭씨온도는 1기압에서 물이 얼기 시작할 때의 온도(어는점)를 0℃, 물이 끓어서 수증기로 바뀔 때의 온도(끓는점)를 100℃로 정하고 그 사이를 100등분하여 나타낸다.

---

1  섭씨(셀시우스 온도, Celsius scale)는 고안자인 안데르스 셀시우스(1701~1744)의 이름을 중국어로 음차한 '섭이수(攝爾修)'의 앞 글자에서 유래했다. 많은 나라에서 섭씨온도를 채용하고 있다.

## 화씨(°F)를 섭씨(℃)로 대략 변환하는 방법

화씨 온도에서 30을 빼고 2로 나눈다.

| 【화씨】 | 【섭씨】 | |
|---|---|---|
| 212°F | 100℃ | ← 물이 끓는다 |
| 100°F<br>(100-30)÷2=35 | 35℃ | |
| 50°F<br>(50-30)÷2=10 | 10℃ | |
| 32°F | 0℃ | ← 물이 언다 |
| 10°F<br>(10-30)÷2=-10 | -10℃ | |
| 0°F | -15℃ | |

**섭씨와 화씨**

미국을 포함한 일부 나라에서는 화씨(°F)[2]를 사용한다. 화씨는 1기압에서 물이 얼 때를 32°F, 끓을 때를 212°F로 정하고 그 사이를 180등분으로 나누어 표시한다. 1°F의 온도 차는 0.556℃이며, 30℃는 86°F에 해당한다.

## 온도란?

기온과 비슷한 말로 온도가 있다. 온도란 무엇일까? 온도는 분자가 얼마나 진동하는지 혹은 활동하는지(열에너지의 양)를 나타내는 수치다.

---

2 화씨(파렌하이트 온도, Fahrenheit scale)는 고안자인 다니엘 가브리엘 파렌하이트(1686~1736)의 이름을 중국어로 음차한 '화륜해특(華倫海特)'의 앞 글자에서 유래했다. 미국과 영국, 자메이카 등의 나라에서 채용하고 있는 표기법이다.

공기 중의 분자 운동은 추울 때는 둔하지만, 더울 때는 활발하다. **'분자 운동의 활발함＝열에너지의 양'이 온도인 것이다.**

그렇다면 온도의 하한은 어느 정도일까?

이론상으로 온도가 크게 떨어지면(추워지면) 모든 분자의 운동량이 0이 될 수 있다. 이 순간을 **절대영도(-273.15℃)**라고 한다. 인간은 절대 영도를 실현할 수 없지만, 이것이 온도의 하한이라고 알려져 있다.

온도의 상한은 어떨까? 가장 높은 온도에 대해서는 아직 명확한 정의가 없다. 이론상으로는 1억 ℃나 1조 ℃도 얼마든지 존재할 수 있다고 하는데, 우주사상 최고온도는 빅뱅이 일어났을 때인 $10^{32}$℃ 정도일 것으로 여겨지고 있다.

## 백엽상과 온도계

초등학교 교정이나 기상관측소에는 백엽상이라고 불리는 하얀 상자가 설치되어 있다. 백엽상은 새둥지를 크게 키운 듯한 하얀 나무 상자로, 바깥 면은 햇빛을 반사하도록 하얀색으로 칠하고 통풍이 잘되는 겹비늘 창살로 벽을 세우는 등 관측을 위한 요소를 잘 갖추고 있다.[3]

출처: 셔터스톡

**백엽상**

---

3   백엽상의 겹비늘 창살 벽은 비와 직사광선을 피해서 기온을 정확하게 관측할 수 있는 뛰어난 장치다. 지면의 반사(복사열)나 빗방울이 튀는 것을 방지하기 위해 주변에는 잔디를 심고, 문은 북쪽 방향으로 열리도록 하여 직사광선이 들어오지 못하도록 고안되었다.

내부에는 보통 최고온도계, 최저온도계, 자기온도계, 습도계 등이 설치되어 있다.

백엽상은 햇빛과 비와 바람으로부터 습도계 등의 기상 관측용 설비를 보호한다. 또한 백엽상 내부의 기상 상태를 관측 지점의 기상 상태와 동일한 조건으로 유지하는 역할도 한다.

일본의 경우 1874년에 영국에서 도입하였는데, 기상청에서 1993년에 자동 관측 기기의 보급에 따라 백엽상을 사용한 관측을 폐지하였고, 지금은 강제통풍통에 백금저항온도계를 넣어 사용하고 있다.

백금은 플래티나라고도 불리는데, 부식에 강하고 습도에 따라 전기저항치가 변화하는 특성 때문에 관측 기계에 이용되고 있다.

# 10

## 왜 대기 상태가 불안정해지는 것일까?

날씨 예보에서 '대기의 상태가 불안정해졌습니다. 거센 비와 낙뢰, 돌풍에 주의하세요'라는 내용이 강조될 때가 있다. 대기는 왜 불안정해지는 것일까?

### 안정과 불안정

안정이란 말은 일상적으로는 '안정된 직업', '안정된 성적', '정서가 안정을 찾았다' 등의 표현으로 사용된다. 즉, 안정이란 변하기 어려우며 좀처럼 움직이지 않는 상태를 말하고, 반대로 불안정이란 언제 상황이 변할지 예측할 수 없는 상태를 말한다.

오뚝이를 생각하면 이해하기 쉽다. 똑바로 서 있는 오뚝이는 약간의 자극이나 살짝 건드리는 정도로는 뒤집히지 않고, 금세 원래대로 돌아온다. 이것이 안정이다. 하지만 오뚝이를 거꾸로 뒤집으면, 잡고 있던 손을 놓는 즉시 나동그라지고 한시도 가만히 있지 못한다. 이것이 불안정이다.

대기도 오뚝이와 똑같다. 대기 상태가 똑바로 선 오뚝이처럼 차분하고, 위아래로는 움직이기 어려운 것이 안정이다. 만약 구름이 생겨도 위아래로는 이동하지 않고 평평하게 펼쳐지는 모양의 구름이 발달한다. 그리고 평평한 구름은 넓은 범위에 균등하게 조용히 비를 뿌린다.

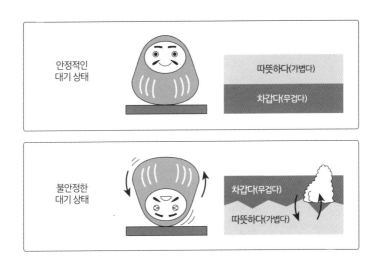

안정된 오뚝이, 불안정한 오뚝이

한편 오뚝이를 거꾸로 뒤집어 놓았을 때처럼 위아래로 움직이고 싶어서 안달복달인 상태가 불안정이다. 이렇게 되면 구름은 수직 방향으로 뭉게뭉게 발달한다. 그리고 비교적 좁은 범위에 세차게 비를 뿌린다. 그래서 날씨가 급격하게 불안정해지면 소나기나 뇌우가 내릴 위험이 높아지는 것이다.

## 불안정해지는 원리

구체적으로 대기는 어떨 때 안정되고, 어떨 때 불안정해질까?

오뚝이를 안정시키려고 무게를 조절하는 것처럼, 공기도 무게가 핵심이다.

공기는 **따뜻함과 가벼움, 차가움과 무거움**이라는 성질이 있다. 땅에 차

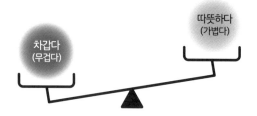

**공기는 따뜻하면 가볍고, 차가우면 무거워진다**

가운(무거운) 공기, 하늘에 따뜻한(가벼운) 공기가 있을 때는 그 상태를 유지하기 때문에 안정적이다. 반대로 하늘에 차가운(무거운) 공기, 땅에 따뜻한(가벼운) 공기가 있으면 대기가 순환하면서 불안정해진다.

즉, 대기의 상태가 불안정해질 때는 하늘에 차가운 공기가 강하게 유입되거나, 지표면에 따뜻한 공기가 강하게 유입되는 때다.

여름 오후에 천둥·번개를 동반한 비가 자주 내리는 이유는 강한 햇빛을 받고 지표면의 온도가 높아져서 하늘에 차가운 공기가 몰려오기 쉬워지기 때문이다.

덧붙여 대기 상태의 불안정한 정도는 주로 SSI(쇼월터 안정지수)라는 물리량으로 추정한다. SSI가 플러스 수치면 안정, 마이너스 수치면 불안정한 상태로 본다.[1]

---

1 정량적으로는 SSI가 +3을 밑도는 수치일 때 소나기가 내릴 가능성이 있다. 0보다 낮은 수치일 때는 천둥 벼락의 우려가 있고, -3보다 낮으면 천둥 벼락이 심하게 치는 경우가 많다. -6보다 낮으면 토네이도(거대 회오리)가 발생하기 좋은 상태라는 보고도 있다.

# 왜 날씨가 나빠지면 컨디션도 나빠질까?

날씨가 흐리면 두통이나 관절통을 느끼는 사람이 적지 않다. 아마도 기압과 관계가 있다고 여겨진다. 우리의 몸은 기압 변화에 민감하게 반응하기 때문이다.

컨디션 난조는 기압이 올라갈 때보다 기압이 낮아질 때 자주 생긴다. 이것은 '기압이 낮아진다=외부에서 누르는 힘이 약해진다'는 점 때문일 것이다. 바깥에서 미는 힘이 약해지면 혈관이 팽창해서 염증 상태와 비슷해진다.

염증이 생기면 우리 몸은 혈관을 팽창시키고 백혈구[1]를 포함한 혈액을 모아서 세균 및 바이러스와 싸우게 한다. 이때 우리는 붓기를 느끼게 된다.[2]

편두통이 심한 고통도 머리의 혈관이 팽창해 신경이 압박되어서 일어난다.

기압이 내려가면 이러한 상태와 비슷한 상황이 만들어진다.

평상시                저기압 상태

---

1   백혈구는 몸속에 침입한 이물질(세균이나 바이러스 등)과 감염된 세포, 암세포 등을 제거하는 세포다. 호중구, 대식세포, 수지상세포, 자연살해세포 등 종류가 매우 많다.

2   백혈구는 혈관 바깥쪽을 돌아다니며 감염된 조직에 접근하고, 외부 물질과 싸운다. 외부 물질과 싸운 결과 전사한 백혈구가 고름이다. 감기에 걸렸을 때 고통스러운 것은 몸이 외부 물질을 제거하기 위해서 염증 상태가 되기 때문이다.

혈관의 팽창, 수축이라는 면에서는 기온도 관계가 있다. 더울 때는 열을 내보내기 위해서 혈관이 팽창한다. 따뜻한 방에 들어가면 얼굴이 빨개지는 이유다.

반대로 추워지면 열을 지키기 위해서 혈관이 수축한다. 겨울에 목욕탕이나 화장실에서 쓰러지는 사람이 늘어나는데, 이는 급격하게 혈관이 수축해서 혈관이 막히거나(심근경색, 뇌경색), 혈관이 파열되기(뇌출혈, 거미막하출혈) 쉽기 때문이다.

이것을 '히트 쇼크'라고 한다. 히트 쇼크를 예방하려면 목욕할 때 탈의실도 난방을 하고, 입욕하기 전에 욕조에 더운 물을 받아서 욕실의 온도를 높이도록 하는 등의 방법을 시도하면 좋다.

# 제 2 장

## 구름·비·눈

# 11

## 구름의 정체는 수증기가 아니다?

우리는 하늘에 구름이 떠있는 모습을 너무나 당연하게 생각한다. 그리고 많은 사람이 '구름=수증기'라고 믿는 것 같다. 물론 구름은 원래 수증기지만, 순수한 수증기는 눈으로 볼 수 없다.

### 수증기는 볼 수 없다

구름은 얼음, 물, 수증기 중에서 무엇일까? 수업시간에 학생들에게도 자주 질문하는데, '수증기'라는 대답이 많다. 안타깝게도 **수증기는 우리 눈으로 볼 수 없다.**[1] 구름이 또렷하게 보인다는 것은 수증기가 아니라는 소리나 마찬가지다.

구름의 정체는 바로 **상공에 떠있는 물방울과 얼음 알갱이(빙정)**다. 구름이 떠있는 곳의 기온에 따라서 물이냐 얼음이냐가 결정된다.

짙은 안개를 떠올려보자. 안개는 지표면 부근에 작은 물방울이 떠다니면서 시야를 뿌옇게 만드는 기상 현상이다. 안개와 똑같은 현상이 하늘에 일어난 것이 구름이라고 생각하면 적절하다. 매우 저온인 상태에서는 안개가 굳는다. 이때의 **고체 안개는 다이아몬드더스트**다(자세한 내용은 82쪽 참조).

---

1 수증기는 물이 기체가 된 것(고체가 되면 얼음)으로 눈에 보이지 않는다. 기온에 따라 공기가 지닐 수 있는 수증기의 양이 정해져 있는데, 고온이 될수록 많은 수증기를 머금을 수 있다.

## 구름의 원리

구름이 발생하려면 14쪽에서 설명한 내용처럼 상승 기류가 필요하다. 상승 기류를 따라 지표면의 공기가 하늘로 올라가고, 기압이 떨어지면서 공기가 팽창한다.

공기가 팽창할 때 에너지가 소비되어 기온이 내려간다.

기온이 내려가면 공기 중에 녹아있을 수 있는 수증기의 양(포화 수증기량[2])이 적어져서 수증기가 물방울이나 빙정으로 배출된다.

이것이 우리 눈에 보이는 구름의 정체다.

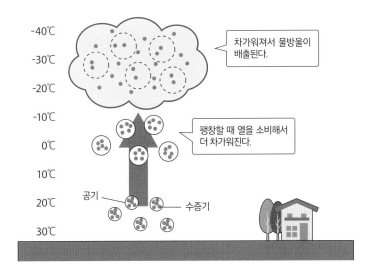

**구름이 생기는 원리**

---

2  포화 수증기란 공기 1m³ 중에 머무를 수 있는 최대의 수증기량을 말한다. 20℃에서는 약 17g, 30℃에서는 약 30g이다.

## 탄산음료와 구름

구름이 발생하는 원리는 우리 생활 속에서도 쉽게 관찰할 수 있다. 그중 하나가 탄산음료 페트병이다.

탄산음료 페트병은 뚜껑을 따는 순간 '쉭' 하는 소리와 함께 하얀 연기 같은 것이 빠져나온다.

뚜껑을 돌릴 때 페트병 속 공기가 순간적으로 팽창하고 기온이 내려가서 눈에 보이지 않던 수증기가 물방울로 바뀐다. 이것이 바로 하얀 연기 같은 기체가 나타나는 이유다.

우리가 탄산음료 뚜껑을 딸 때마다 구름이 생기고 있었다니 참 놀랍지 않은가.

# 12

## 구름의 크기와 모양은 어떻게 정해질까?

구름의 모양은 천차만별이다. 달콤한 과자를 닮은 구름, 붓으로 스윽 그린 듯한 구름, 하얀 구름, 먹구름 등 얼마나 종류가 많은지 같은 모양의 구름은 하나도 없다.

### 상승 기류와 구름의 종류

구름은 모두 똑같이 상승 기류에 의해 발생하는데, 어째서 형태는 이렇게 각양각색일까? 바로 **상승 기류의 강도, 방향, 높이 차이** 때문이다.

수직 방향으로 강한 상승 기류가 일어나면 높은 탑처럼 적란운이 피어오르고, 완만한 각도로 상승하면 옅은 구름이 펼쳐진다.

다양한 상승 기류와 각양각색의 구름

**바람과 구름**

지표면 근처의 고온다습한 공기가 하늘로 올라가면 대량의 수분이 배출되기 때문에 두꺼운 구름이 생긴다.

상공 7,000m의 공기가 1만 m로 올라간 경우는 어떻게 될까? 상공 7,000m의 공기는 온도가 매우 낮아서 머금은 수증기량도 적다. 당연히 배출되는 수분도 적기 때문에 옅은 구름이 생긴다.

## 10가지 모양의 구름

구름의 종류는 크게 10가지로 나눌 수 있다. 이를 '10종 운형'이라고 부른다. 기본 유형을 바탕으로 변종이나 비슷한 종류가 추가된다.[1]

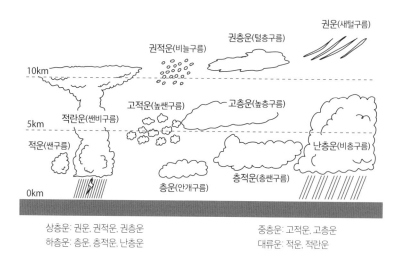

**구름의 종류**

------

1 '하얀 구름과 먹구름은 무엇이 다른가요?'라는 질문을 자주 받는데, 둘의 차이는 구름의 두께다. 옅은 구름은 햇빛을 통과시키기 때문에 하얗고 밝은 회색으로 보인다. 두꺼운 구름은 햇빛을 완전히 차단하기 때문에 어두운 회색으로 보인다.

# 13

# 별난 구름은 어떻게 생길까?

지금까지 구름은 바람(기류)에 의해 모양이 달라진다는 사실과 10가지 종류의 구름 유형에 대해 설명했다. 하지만 여러분의 기억에 남아있는 구름은 조금 별나고 신기한 모양일지도 모른다.

## 신기한 구름

가끔 하늘이 예술가처럼 느껴질 만큼 기묘한 모양의 구름이 떠다닐 때가 있다.

예를 들면 **츠루시구름**은 후지산처럼 외따로 떨어진 산봉우리에 자주 생기는 구름이다. 바람이 우뚝 솟은 산을 타고 파도처럼 흐르거나, 산에 부딪혀 두 갈래로 나뉘었다가 풍하측(바람이 산을 향해 불어

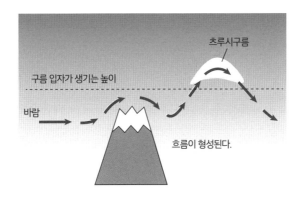

**츠루시구름이 생기는 원리**

비행기구름

넘어갈 때 산의 뒷면)에서 다시 합류하면서 상승 기류가 발생해 나타나
는 구름으로 여겨진다.

비행기구름(제트구름)은 비행기의 뒤를 쫓듯이 생기는 구름으로, 자
주 볼 수 있다. 이 구름은 비행기의 프로펠러 등에 의해 공기가 급속
히 팽창되고 기온이 낮아짐에 따라 공기 중에 방출되는 물방울이 많
아져서 생긴다. 그 밖에 비행기에서 배출된 미립자가 물방울을 생성
하는 '핵'이 되어서 원래 저온다습했던 곳에 구름이 형성되도록 영
향을 주기도 한다. 비행기구름은 하늘에 습기가 많아졌다는 증거이
기도 하며, 관천망기[1]로는 날씨가 흐려질 전조로 이해한다.

삿갓구름은 산이 삿갓을 쓴 것처럼 생기는 구름이다. 산에 부딪힌
바람이 산을 따라 상승해서 이러한 구름이 생긴다.

---

[1] 관천망기는 기상이나 천체의 움직임 등 자연 현상과 생물의 행동 변화 등으로 날씨를 예측하
는 일이다. 자세한 내용은 193쪽을 참조하기 바란다.

삿갓구름(좌), 렌즈구름(우)

렌즈구름은 UFO와 자주 혼동되는 구름으로 강풍이 불 때 볼 수 있다. 산봉우리에 생긴 렌즈구름이 삿갓구름이다.

몇 개의 선 모양 구름이 하나의 점에서 분출되듯이 보이는 경우가 있는데, **지진구름**[2]으로 잘못 알려져 있다. 평행선 여러 개가 나란히 늘

지진구름과 비슷한 구름(좌), 두건구름(우)

---

2  지진구름은 큰 지진의 전후에 나타난다고 여겨지는 구름인데, 과학적으로는 인정되지 않는다.

어서면 멀리서 볼 때 하나의 점으로 겹쳐서 보이지만 사실 신기한 현상은 아니다. 미술 수업에서 배우는 '1점 투시 기법'과 같은 원리다.

적란운에서 파생되는 구름에는 신기한 구름이 많다. 적란운이 뭉게뭉게 자라다가 습한 공기로 가득한 공기층과 만나면 적란운 위로 면사포를 뒤집어쓴 듯한 모양의 **두건구름**이 생긴다.

적란운은 끝없이 높게 발달할 수 없다. '적란운이 커지는 것은 여기까지'라는 듯이 천장[3]이 존재한다(대류권계면)[4]. 적란운이 최대한 높게 발달하다가 천장에 닿으면 수평으로 퍼진다. 이렇게 만들어지는 구름이 **모루구름**이다. 요즘에는 보기 어렵지만 대장간에서 사용하는 모루와 형태가 비슷하기 때문에 지금도 모루라는 이름으로 불린다.

적란운의 부속 구름 중에는 **유방구름**도 있다. 이 구름은 무척 아름

출처: 셔터스톡

**모루구름(좌), 유방구름(우)**

---

3  계절과 위도에 따라 달라지지만, 일본에서는 겨울에는 5~6km 정도, 여름에는 16~17km 정도다.

4  대류권계면의 높이는 일정하지 않고, 계절에 따라 이동하는 열대권계면의 중심위치에 영향을 받는다. 우리나라의 대류권계면의 높이는 겨울에는 10~11km 정도, 여름에는 15~16km 정도다.-옮긴이

슈퍼셀

닿기도 하고, 세상에 종말이 닥친 듯 공포스러운 분위기도 풍긴다. 유방구름이 나타나는 동안에는 비나 눈이 강하게 내리지 않지만, 사라지고 나서 한꺼번에 큰비나 눈이 쏟아지는 경우가 많다.

　일본에서는 드물지만 해외에서는 **슈퍼셀**이라는 초거대 적란운이 발견된다. 슈퍼셀은 적란운 자체가 빙글빙글 돌면서 소용돌이를 만드는데, 영화 속 외계인 침략 장면처럼 실로 섬뜩한 광경이 연출된다.

## 14

# 비는 어떻게 생길까?

우리 눈에 보이지 않는 수증기가 구름이 되고 비가 되어 내리는 것은 잘 생각해보면 신비한 현상이다. 대체 구름 속에서는 무슨 일이 일어나는 것일까?

## 비는 구름 입자가 100만 배 커져서 땅에 떨어진 것이다

비는 구름 속에서 생긴다. **구름의 입자(구름방울)는 구름 속에서 서로 달라붙기를 몇 차례 반복하면서 약 100만 배 이상의 크기가 된다.** 결국 상승 기류로도 구름 입자의 무게를 감당할 수 없게 되면 땅으로 낙하한다. 이것이 바로 비다. 비에는 따뜻한 비와 찬비가 있다.

## 찬비가 내리는 원리

구름 위쪽은 기온이 낮고, 작은 얼음 알갱이(빙정)가 많이 존재하며, 어는점 아래로 기온이 떨어져도 액체 상태인 작은 물방울(과냉각수적)도 뒤섞여있다. 이 물은 빙정과 부딪치면 빙정 주위에 달라붙어서 금세 얼어버린다.

이러한 과정을 반복하면 빙정은 점점 커지고, 상승 기류가 지탱하지 못하는 순간이 찾아온다. 이때 눈의 결정이나 우박이 되어 떨어진다.

낙하 도중에 눈의 결정이 녹으면 지상에 비가 되어 내린다. 일본에

내리는 비는 대부분 찬비다.[1]

## 따뜻한 비가 내리는 원리

따뜻한 비는 물로 이루어진 구름 입자가 서로 달라붙기를 반복하며 커진 결과, 비의 입자로 변신해서 떨어지는 것이다. 찬비와 다르게 얼음 알갱이는 없다. 하지만 아무리 구름 속에 구름 입자가 많이 존재한들 100만 배 크기로 커질 수 있을까? 이때 큰 도움을 주는 존재가 바로 에어로졸이다.

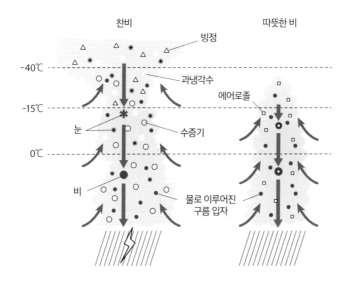

찬비와 따뜻한 비

---

1   우리나라에 내리는 비도 찬비가 대부분이며, 한여름 적운 상태에서 소나기가 내릴 때는 따뜻한 비가 내리는 것으로 볼 수 있다.-옮긴이

에어로졸이란 쉽게 말하자면, 공기 중에 부유하는 티끌 같은 입자다. 티끌 등의 입자는 구름 입자와 비교하면 커서, 에어로졸이 '응결핵[2]' 역할을 할 수 있게 된다. 에어로졸 응결핵을 이용해서 구름 입자는 효율적으로 큰 빗방울로 성장한다. 이 따뜻한 비는 열대 바다에 많이 내리고, 파도에서 휘말려 하늘로 올라간 염화나트륨이 종종 에어로졸로 작용한다.

---

2  수증기가 응결해서 작은 물의 입자(구름방울)가 될 때, 그 핵이 되는 미립자(에어로졸)를 응결핵이라고 한다.

# 15

## '맹렬한 비'는 어느 정도의 비를 말할까?

날씨 예보에서 '맹렬한 비에 대비하셔야겠습니다'라는 기상캐스터의 당부를 한 번쯤은 들어본 적이 있을 것이다. '맹렬한 비'는 대체 어느 정도의 비를 말하는 것일까?

### 강우량과 강우강도

강우강도는 밀리미터(mm)로 표시한다. 날씨 예보에서도 '내일까지 30mm의 비가 내립니다'라는 식으로 보도된다. 똑같은 30mm의 비라도 1일간 내린 것인지, 1시간 혹은 10분 동안 내렸는지 등 단위 시간에 따라 상황은 완전히 달라진다. 강우강도는 순간적인 비의 세기를 측정한 것으로, 현재 내리는 비가 같은 세기로 계속 내릴 경우 단위 시간당 몇 mm의 강우량을 기록할지를 나타낸 값이다. 보통 1분간 내린 비의 양을 측정한 후 1시간 강우량으로 추산하여 나타내므로, 시간당 강우량을 기준으로 설명하겠다.

또한 남쪽의 난세이제도 주민과 북쪽의 홋카이도 주민의 비에 대한 인식이 다를 수 있어서, 중간 지점인 도쿄 주민의 입장에서 살펴보고자 한다.

### 역대 최고 기록

과거 일본의 기록을 살펴보면, 1시간 최고강우량이 쏟아진 날은

**강우강도의 기준**

| 강우량 | 강우강도 |
|--------|----------|
| 1시간당 0.2mm 미만 | 우산이 없어도 그럭저럭 바깥 활동을 할 수 있다. |
| 1시간당 0.2~2mm | 약함~보통의 비. |
| 1시간당 2~10mm | 약간 강한 비. 지면에 커다란 빗자국이 생기고, 우산을 써도 소매가 젖는다. |
| 1시간당 10~20mm | 강한 비. 빗소리 때문에 상대방의 목소리가 잘 안 들린다. |
| 1시간당 20~30mm | 억수같이 내리는 비. 자동차 앞 유리창의 와이퍼가 소용이 없다. 우산을 써도 쫄딱 젖는다. |
| 1시간당 30~50mm | 물이 가득한 양동이를 뒤집은 듯이 퍼붓는 거센 비. 하천이 넘치는 경우도 있다. |
| 1시간당 50~80mm | 폭포처럼 쏟아지는 매우 거센 비. 물보라가 일어서 온통 하얘지고 앞이 보이지 않는다. 고오오 하는 소리와 우르릉 소리가 들리고, 공포를 느낀다. |
| 1시간당 80mm 이상 | 하늘이 무너진 것 같은 맹렬한 비. 견디기 힘든 숨 막힘과 공포를 느낀다. |

1999년 10월 27일이다.[1] 이날 지바현 사와라시(지금의 가토리시)에서 153mm(사와라 호우)에 달하는 비가 내렸다. 기상청 이외의 시설에서 관측한 데이터로는 1982년 7월 23일 나가사키현 나가요 관청에서 관측한 187mm(나가사키 호우)의 기록이 있다. 이것은 '맹렬한 비(80mm 이상의 비)'의 2배를 넘어서는 믿기 힘든 수치다.[2]

--------

1   우리나라의 역대 1시간 최고강우량은 1998년 7월 31일 순천에 내린 145mm다.-옮긴이
2   도쿄에 1시간에 80mm 이상의 맹렬한 비가 내린 날은 1886년 관측을 시작한 이후부터 두 차례뿐이었다.

# 16

## 천둥·번개는 왜 지그재그로 방전될까?

천둥·번개는 방전과 우레 소리가 특징이다. 때로는 무시무시한 빛과 소리를 내서 두려워하는 사람도 적지 않다. 왜 이런 현상이 생기는 것일까?

### 번개와 천둥은 어떻게 생길까?

번개는 지구에서 가장 거대한 정전기라고 할 수 있다. 대체 무엇끼리 부딪쳐서 일어날까?

번개는 번개 구름(적란운) 속에서 발생한다. 적란운 내부에는 다수의 얼음 알갱이가 떠다닌다. 적란운의 강한 상승 기류를 타고 다양한 크기의 얼음 알갱이가 충돌하면서 마찰이 생기고 쪼개진다. 이때 정전기가 일어난다.

원래 공기는 전기가 통과하기 어려운 물질이지만, 구름 속에서 정전기가 한데 모여 전압이 커지면 그 힘에 의해 공기 중으로 전류가 밀려나와 흐르게 된다. **전류는 공기 중에서 조금이라도 흐르기 쉬운 곳을 찾으며 흘러가기 때문에 지그재그 모양이 된다.**

또한 전기전도성이 낮은 공기 속에서 전기가 강하게 퍼질 때 대량의 열이 발생하는데, 공기의 온도를 단숨에 3만 ℃ 정도까지 끌어올린다. **공기는 따뜻해지면 팽창하고 크게 진동한다.** 세상을 뒤흔드는 천둥소리는 바로 이러한 이유로 발생한다.

구름 속에서 방전이 일어나면 **구름속방전** 혹은 **구름방전**, 구름에서

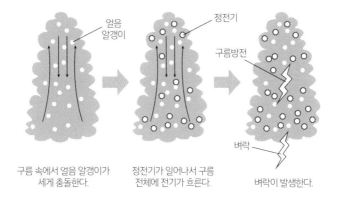

| 얼음<br>알갱이 | 정전기 |  |
| --- | --- | --- |
|  |  | 구름방전 |

구름 속에서 얼음 알갱이가<br>세게 충돌한다.

정전기가 일어나서 구름<br>전체에 전기가 흐른다.

벼락

벼락이 발생한다.

**벼락이 생기는 원리**

땅을 향해서 방전하면 **벼락(낙뢰)**이라고 정의한다.[1]

## 벼락으로부터 몸을 지키려면

때로는 벼락이 사람의 목숨까지 빼앗는 경우가 있다. 천둥·번개가 요란할 때는 어떻게 대응하면 좋을까? 최선의 방법은 재빨리 안전한 건물이나 자동차 안으로 대피하는 것이다. 만약의 사태를 대비하여 건물 안에서는 콘센트 근처에서 멀어지는 편이 좋다.

야외에 있을 때는 높은 나무에서 멀리 떨어지고, 땅바닥에 납작하게 웅크린다. 번개는 키가 큰 물체에 떨어질 확률이 높고, 키가 큰 나무에 벼락이 칠 때 나무의 주변 물체로 2차 방전되는 측격뢰에 휘말

---

1 　개인적으로 번개의 색깔이 적란운의 성격을 나타낸다고 생각한다. 똑같이 적란운이라고 불러도 호우를 초래하는 적란운, 낙뢰가 많은 적란운, 돌풍이나 회오리를 일으키는 적란운, 커다란 우박을 떨어뜨리는 적란운 등 저마다 성격이 다양하다. 구름 내부의 습도나 물질 분포에 따라 번개의 색깔이 변화한다는 속설은 여러 지역에 전해진다.

려 생명을 잃는 사고가 많기 때문이다.

다리를 모으고, 귀도 막아야 한다. 다리를 벌리고 있으면 번개의
전기가 오른쪽 다리로 들어가 심장을 관통한 뒤 왼쪽 다리로 빠져나
가는 경우가 있다(다리를 딱 붙여 모으고 있으면, 충격은 다리만 받는다).
귀를 막는 이유는 벼락의 폭발음으로 고막이 찢어지는 것을 피하기
위해서다.

## 일본에서 천둥 일수가 가장 많은 지역은?

일본에서 천둥이 가장 많이 치는 지역은 어디일까?

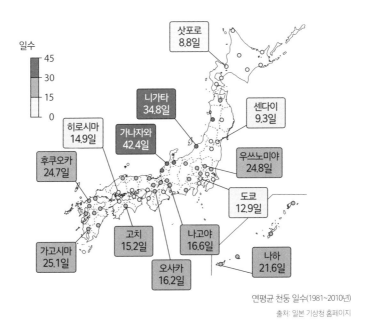

연평균 천둥 일수(1981~2010년)

출처: 일본 기상청 홈페이지

**천둥 일수 분포**

바로 동해 쪽에 닿아있는 가나자와시다. 아열대 기후인 오키나와 나하시의 기록을 넘어선 연간 평균 42일로, 도쿄보다 천둥이 3.2배나 많이 친다니 놀라운 사실이다.[2][3]

2  가나자와는 날씨 변화가 심해서 '도시락은 잊어도 우산은 잊지 마라'라는 말도 있다.

3  우리나라에서 연평균 천둥·번개 일수는 대구 지역이 15일로 가장 많고, 기타 지역은 10일 내외다.–옮긴이

# 17

## 무지개는 어떻게 생길까?

여름 오후 소나기가 내린 뒤에 볼 수 있는 무지개는 너무 아름다워서 탄성을 자아낸다. 무지개는
햇빛이 분해되어 보이는 것으로 문화권에 따라서 색깔의 숫자가 다르다.

### 무지개 색깔은 7가지라고 말할 수 없다?

일본에서 무지개색은 빨강, 주황, 노랑, 초록, 파랑, 남색, 보라의 7가
지 색깔이다. 하지만 색 경계가 분명하지 않아서 정확하게 7가지 색
깔을 구별하기는 힘들다. 그래서 문화권에 따라 무지개 색깔의 숫자
가 달라진다. 미국에서는 6색, 독일에서는 5색이라고 한다.

무지개는 일반적으로 행복이나 평화의 상징으로 여겨지고, 보면
좋은 일이 생긴다고 믿는다. 다양성의 상징이기도 해서 LGBT(레즈비
언, 게이, 바이섹슈얼, 트랜스젠더)의 깃발[1] 등에도 사용된다.

이처럼 사람들에게 사랑받는 무지개는 대체 어떤 원리로 나타나는
것일까?

### 무지개가 생기는 원리

무지개는 간단하게 말하면, 햇빛이 여러 가지 색깔로 분해되어서 생

---

1  이 깃발은 '레인보우 플래그'라고 불리며 6색이다.

기는 것이다.

　원래 햇빛은 우리 눈에는 하얗게 보인다. 물감이나 페인트에서는 '감법 혼색'이라 하여 색을 겹칠수록 명도가 떨어지고 검은색에 가까워지는데, 빛의 경우는 '가법 혼색'으로 색이 겹쳐질수록 명도가 높아져 하얀색에 가까워진다. 햇빛이 하얀 것은 여러 가지 색깔이 섞인 결과라는 이야기다.

　이 하얀 햇빛이 공기 중의 물방울과 만나면 어떻게 될까? 물방울에 빛이 굴절되고 반사될 때, 물방울이 프리즘 역할을 하기 때문에 빛이 분해되어 7가지 색깔 띠로 보인다.

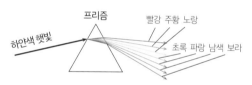

다양한 파장을 가진 하얀 빛을 유리로 만든 프리즘에 통과시키면 굴절되어 다양한 색깔로 분해된다.

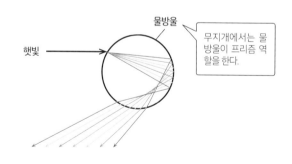

**무지개의 원리**

## 무지개가 생기는 조건

무지개가 생기려면 공기 중에 떠다니는 물방울에 햇빛이 닿아야 한다는 조건이 필요하다.

무지개를 볼 기회는 비 온 뒤 갠 날, 또는 맑은 뒤 비 오는 날에 가끔씩 찾아온다. 비 온 뒤 갠 날에는 동쪽으로 멀어져가는 비구름에 서쪽 해가 비춰서, 맑은 뒤 비 오는 날에는 서쪽에서 다가오는 비구름에 동쪽 아침 햇살이 비춰서 무지개가 뜬다.

무지개는 인위적으로 만들 수도 있다. 해를 등지고 호스나 분무기로 물을 뿌리면 무지개를 만들 수 있다.

무지개(무지개 비슷한 현상)에도 다양한 종류가 있는데 원형 무지개, 2차 무지개, 무리, 환일, 거꾸로 무지개, 접선호, 흰 무지개, 붉은 무지개 등이 있다.

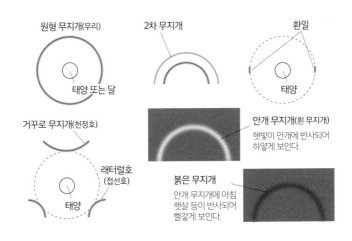

**다양한 무지개**

## 18

# 기온이 10℃ 정도일 때도 눈이 내릴까?

눈은 0℃ 이하의 추운 날에 내린다고 생각하는 사람이 많다. 그러나 10℃ 정도의 기온에서도 눈이 내리는 경우가 있다. 눈은 습도와도 관계가 있기 때문이다.

### 눈 예보는 어렵다

65쪽에서 설명한 것처럼 일본에 내리는 비는 대부분 찬비다. 구름의 상부에서는 눈이었지만, 고도가 낮아지면서 기온이 높아짐에 따라 눈이 녹아 비가 되는 것이다. 또 비와 눈이 섞여서 내리면 진눈깨비가 된다.

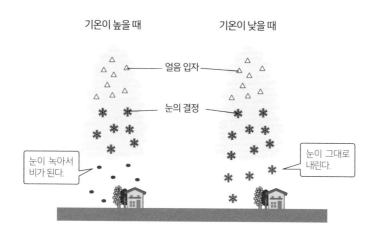

비와 눈의 차이

언제 눈이 녹지 않고 내릴까? 구름 상부에서 지표면까지의 기온이 모두 어는점보다 낮다면 틀림없이 눈으로 떨어질 것이다. 문제는 하강하는 도중에 0℃ 이상의 기온층을 지나는 경우다. 하지만 영상의 기온층이 얇거나 1~2℃ 정도로 온도 변화가 적으면 녹지 않고 눈 상태로 떨어지기도 한다.

실제 상황은 이론과 달라서 어느 정도로 녹지 않고 내리는지 구체적으로 예측하기 매우 어렵다. 눈이 내릴 때는 풍속이나 습도 등도 영향을 미치기 때문이다. 특히 습도가 낮으면 눈의 결정이 떨어질 때 조금씩 증발이 이어지며 기화열을 빼앗기기 때문에 기온이 0℃ 이상이어도 잘 녹지 않는다.

눈이 내릴지 비가 내릴지 판단하기 곤란할 때는 예측이 어긋나는 경우가 많다. '비나 눈' 혹은 '눈이나 비'처럼 애매한 예보가 발표되는 것은 이러한 이유 때문이다.

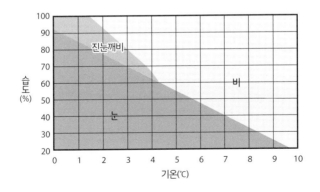

**눈과 비의 판별 기준(기상청)**

## 눈이 내리는 기준

대체적으로 지상 기온이 3℃ 이하일 때 눈이 내릴 가능성이 높다고 예상하지만, 습도가 낮으면 10℃ 가까운 기온에서도 눈이 내릴 수 있어서 방심할 수 없다.

또한 상공 약 1,500m(850hPa)의 기온도 눈 예보 기준으로 자주 사용된다.[1] 일본의 겨울철 기압 배치에서는 대략 -6℃에서 눈이 내리는데, 남안저기압의 영향을 받는 경우에는 0℃ 정도에서도 눈이 내리는 경우가 있다.

---

1 지표면의 기온은 물체 간의 마찰 등 다양한 요소가 복잡하게 얽혀있어서 예상하기 어렵다. 그래서 고층 일기도에서 가장 아래층의 수치(850hPa·상공 약 1,500m)를 참고하면 지상 기온을 추측하는 데 도움이 된다.

# 19

## 눈의 결정은 왜 육각형일까?

눈의 결정을 본 적이 있다면 한 번쯤은 '어떻게 이런 모양이 될 수 있을까?'라는 생각을 해보았을 것이다.

### 눈은 왜 육각형일까?

물($H_2O$)은 우리에게 익숙하면서도 매우 신비한 물질이다. 공기 중에서 물이 얼면 처음에는 육각형의 결정이 되기 때문이다. 오각형이나 칠각형이 되는 경우는 없다.[1]

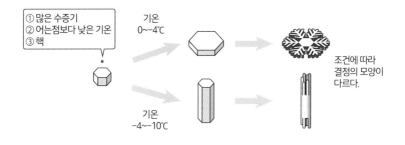

① 많은 수증기
② 어는점보다 낮은 기온
③ 핵

기온 0~-4℃

기온 -4~-10℃

조건에 따라 결정의 모양이 다르다.

눈의 결정이 생기는 조건

---

1  눈의 결정이 육각형인 것은 물 분자의 형태, 물이 1개의 산소원자와 2개의 수소원자로 이루어져 있어서 수소 결합의 힘이 작용하는 점 등이 관계가 있다. 수소 결합에 따른 물 분자의 배열 형태는 온도에 따라 달라지며, 4℃ 이하로 차가워지면 육각수의 비율이 높아지기 때문에 얼음은 대부분 육각형 구조가 된다.

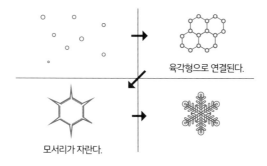

육각형으로 연결된다.

모서리가 자란다.

**눈의 결정이 만들어지는 원리**

구름 상부는 기온이 낮아 공기 속의 물이 빙정으로 배출되는데, 이 빙정도 육각형이다. 육각형의 모서리에 수증기가 차례차례 달라붙는다. 수증기는 평면보다 모서리나 가장자리에 얼어붙기 쉬운 성질이 있어서, 눈의 결정은 평평하게 옆으로 펼쳐지듯 성장해간다. 이 과정이 계속되면 눈의 결정은 점점 커지며 땅으로 떨어진다.

## 다양한 눈의 결정

눈은 매우 개성이 넘쳐서 무수한 종류의 결정이 관찰된다. 똑같은 모양은 세상에 존재하지 않는다고 말할 수 있을 정도다.

크게 구분해도 바늘 모양, 각뿔 모양, 부채 모양, 각진 판 모양, 나뭇가지 모양 등 수십 종류에 이른다.[2] 상공의 기온이나 수증기 양에 따라 대충 어떤 모양이 될지 정해져서, 이를 두고 나카야 우키치로는

---

2  작가 다자이 오사무는 『쓰가루』에서 가루눈, 가랑눈, 함박눈, 진눈깨비, 싸락눈, 설탕눈, 얼음눈 등 7가지 종류의 눈이 내린다고 적었다.

"눈은 하늘에서 보낸 편지"라고 하기도 했다.[3]

결정을 들여다보지 않고 구별하는 눈 종류 중에 기온이 낮을 때 내리는 **가랑눈**[4]과 비교적 고온일 때 내리는 **함박눈**이 있다.

함박눈은 눈의 결정이 녹기 시작하면서 서로 달라붙어 덩어리가 큰 알갱이가 되어 내리는 눈이다. 수분을 많이 머금고 있기 때문에 무거워서 전선 등에 쌓여 피해를 일으키는 경우도 있다. 도쿄 인근에 내리는 눈은 함박눈이 많으며 간혹 지름이 10cm 정도나 되는 눈송이가 내릴 때도 있다.

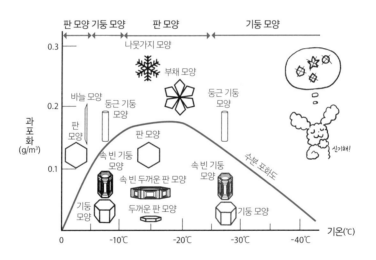

**다양한 형태의 눈의 결정**

3  나카야 우키치로(1900~1962)는 물리학자이자 수필가다. 세계 최초로 인공눈 제작에 성공했다.
4  가랑눈은 기온이 낮을 때 내리는 가볍고 세밀한 눈이다. 바람에 날리기 쉬워서 눈보라를 일으키기도 한다.

## 20

# 비·눈·우박 외에 하늘에서 또 무엇이 내릴까?

하늘에서 내리는 것이라면 비나 눈이 많고, 우박은 상대적으로 적다. 그런데 그 밖에도 하늘에서 내리는 것이 있다.

**다이아몬드더스트**

하늘에서 내리는 물($H_2O$)은 비나 눈, 우박뿐만이 아니다. 다양한 형태의 물질이 하늘에서 쏟아진다.

우선 냉해지의 무척 아름다운 기상 현상으로 유명한 **다이아몬드더스트**가 있다.

다이아몬드더스트는 이름처럼 공중에서 춤추며 떨어지는 작은 얼음 알갱이가 햇살을 받아 금색이나 무지개색으로 빛나는 영롱한 기상 현상이다. 날씨가 맑고 기온이 -10℃ 이하이며, 바람이 없고 습도가 높을 때 나타난다. 어느 한 가지 조건이라도 부족하면 볼 수 없다. 일본에서는 세빙이라고도 불리며, 홋카이도에서도 내륙에 위치한 나요로시나 아사히카와시 등에서 비교적 자주 관찰된다.

**싸라기눈·우박**

그 밖에 **싸라기눈(싸락우박)**이 있다. 싸라기눈은 직경 5mm 미만의 얼음 알갱이다. 5mm 이상이면 **우박**이라고 부른다. 싸라기눈은 구름 속

빙정에 과냉각수(어는점 아래여도 액체 상태인 물)가 달라붙어 얼면서 생성된다.

싸라기눈에는 눈싸라기와 얼음싸라기가 있다. 눈싸라기는 하얗고 부드러우며, 비에서 눈으로 또는 눈에서 비로 바뀌는 시점에 자주 내린다. 얼음싸라기는 투명하고 단단하며 계절을 불문하고 내린다.

## 동우

얼음싸라기와 비슷한 현상으로 **동우**가 있다. 동우는 대기 중에서 눈이 녹아 비가 되었다가 다시 얼어서 내리는 것이다. 상공에 따뜻한 공기층이 있고 지표 부근에 차가운 공기가 모여 있을 때 자주 내린다. '엄청 추운데 좀처럼 눈이 내리지 않네'라고 느낄 때 유심히 관찰하면 동우가 내린 것을 눈치챌 수 있을 것이다.

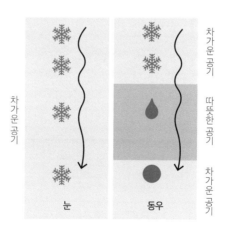

동우

## 착빙성 비

더 골칫거리인 현상으로 **착빙성 비**가 있다. 이것은 과냉각 상태인 물이 비로 내리는 것이다. 과냉각 상태의 물은 자극을 받으면 쉽게 얼기 때문에 지면에 닿는 순간 그 자리에서 얼어붙는다. 착빙이 생긴 노면은 스케이트장처럼 변해서 미끄러지기 쉽고 매우 위험하다. 지면뿐만 아니라 물체에 닿은 경우에도 그 자리에서 얼어붙는다. 전선이나 전철의 팬터그래프[1] 등에도 영락없이 얼어붙기 때문에 매우 성가신 존재다.

2003년 1월 3일 간토 지역의 남부에 착빙성 비가 내려 큰 피해가 발생했다. 차라리 폭설이 내리는 편이 나을 수도 있다고 생각할 정도로 성가신 비다.

출처: 셔터스톡

**착빙성 비가 얼어붙은 나뭇가지**

---

1   전철 등의 집전장치로 지붕에 마름모꼴로 접을 수 있게 만든다.-옮긴이

# 제 3 장

# 사계절과 날씨의 원리

# 21

## 일본의 사계절을 결정하는 고기압은?

우리나라처럼 일본도 사계절이 뚜렷해서 계절마다 특유의 아름다운 경치를 즐길 수 있다. 다채로운 계절을 선물하는 것은 바로 일본 주변에 있는 4개의 기단이다. 각각의 특징을 살펴보자.

### 4개의 기단과 사계절

해양이나 대륙에서는 공기가 뒤섞이거나 가로막히는 일이 없어서, 공기가 같은 습도나 온도를 유지한 채로 광범위하게 머무는 경우가 있다. 이것을 **기단**이라고 부른다. 기단은 종종 거대한 고기압의 성질을 갖는다.

일본 주변에는 다음 4개의 기단(고기압)이 거의 매년 나타나서 사계절의 틀을 이룬다. 이들 중 어느 고기압이 발달하고, 어느 고기압의 영향권에 들어가는지에 따라 해당 계절의 기상 현상이 크게 영향을 받는다.

- **시베리아 기단**(시베리아 고기압)
- **양쯔강 기단**(양쯔강 고기압)
- **북태평양 기단**(북태평양 고기압)
- **오호츠크해 기단**(오호츠크해 고기압)

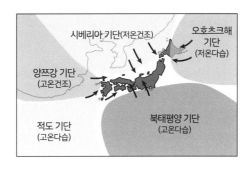

일본 근처의 기단

## 겨울: 시베리아 고기압

겨울에는 시베리아 고기압이 발달한다. 시베리아 고기압은 저온건조
한 성질을 띠며, 시베리아 대륙에서 일본으로 세력을 확장할 때 동해에
서 대량의 열과 수증기를 얻어 일시적으로 기단의 하층이 습윤해진다.[1]

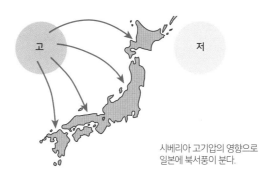

시베리아 고기압의 영향으로
일본에 북서풍이 분다.

**겨울의 기압 배치와 시베리아 고기압**

---

1  '하층이 습윤해진다'는 의미는 대기 아래쪽(주로 1,500m 이하를 가리키는 경우가 많다)의 수증기
   함유량이 많아진다는 뜻이다.

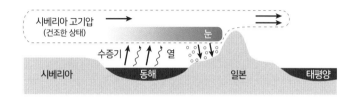

**폭설을 몰고 오는 시베리아 고기압**

태평양 쪽은 건조하고 맑은 하늘이 나타나고 동해 쪽은 눈이 많이 내리게 된다.

### 봄: 양쯔강 고기압

봄이 되면 시베리아 고기압이 약해지고 양쯔강 고기압이 중국 대류 남쪽에서 성장하여 몰려온다.[2] 양쯔강 고기압은 고온건조하다. 종종 여러 갈래로 나뉘는 경우가 있는데, 이때 일본에서는 **이동성 고기압**의 형태로 영향을 받아 쾌청한 날씨가 이어진다.

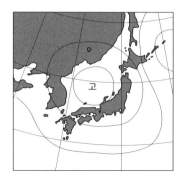

**봄의 이동성 고기압**

2  양쯔강은 티베트고원 북동부에서 상하이(동중국해)까지 흐르며 전체 길이가 약 6,300km에 달하는 중국에서 가장 긴 강이다. 양쯔강 유역에서 생성된 기단(고기압)이라서 양쯔강 고기압 이라는 이름이 붙었다.

## 여름: 북태평양 고기압, 오호츠크해 고기압

시간이 흐르면 남쪽 바다에서 북태평양 고기압이 다가오고 오호츠크해에서는 오호츠크해 고기압이 성장해서 내려온다.

북태평양 고기압은 고온다습하며, 오호츠크해 고기압은 저온다습하다. 이 2개의 고기압이 일본 근처에서 충돌하면 날씨가 끄물거리고 흐려진다. 이것이 '장마'다.

7월이 되면 북태평양 고기압이 한층 발달하여 오호츠크해 고기압을 북쪽으로 몰아내면 '장마 종료'다.

그 이후에는 일본 지역이 완전히 북태평양 고기압의 영향권에 들어가서 습도가 높고 더운 날씨가 이어지는 전형적인 한여름 계절이 된다.

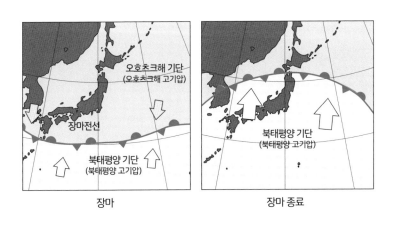

고기압끼리 세력 경쟁이 생기는 장마

## 22

# 왜 '하루이치방'이 봄의 신호일까?

하루이치방은 겨울이 끝날 무렵에 처음으로 부는 강한 남풍을 말한다. 하루이치방이 부는 당일은 기온이 올라가고 봄이 찾아온 듯이 느껴진다. 하루이치방은 왜 부는 것일까?

## 하루이치방의 정체는?

입춘[1] 부터 춘분[2] 사이에 처음으로 부는 강한 남풍을 **하루이치방**이라고 부른다. 지역에 따라서 조금씩 차이가 있는데 간토 지방에서는 다음과 같이 정의한다.

- 동해에 저기압이 있을 때. 저기압이 발달하면 더욱 이상적인 조건이 된다.
- 간토 지역에 강한 남풍이 불어 기온이 올라간다. 구체적으로는 도쿄에서 바람이 최대풍속 풍력 5(풍속 8m/s) 이상, 풍향은 서남서~남~동남동으로 불고, 전날보다 기온이 높다. 또한 간토 지역 내륙에 강한 바람이 불지 않는 지역이 있을 수도 있다.

---

1 입춘은 24절기 중 첫 번째로, 봄의 기운이 시작되는 시기다. 2월 4일경이다. 동지와 춘분의 사이로 이날부터 입하(5월 5일경)의 전날까지를 '봄'으로 본다.
2 춘분은 24절기 중 네 번째로, 낮과 밤의 길이가 거의 같아진다. 3월 20일경이다.

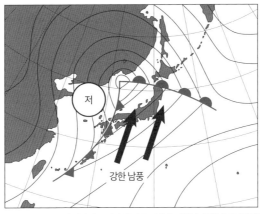

동해의 저기압을 향해서 남쪽의 따뜻한 공기가 흘러들어 강한 남풍이 불게
된다. 이것은 북쪽의 차가운 공기의 힘이 약해졌다는 증거다.

**하루이치방**

바람은 고기압에서 저기압 쪽으로 분다. 동해 해상에 저기압이 있으면
저기압 쪽으로 바람이 불기 때문에 넓은 범위에 남풍이 불게 된다.

## 한기가 약해지는 신호

왜 동해의 저기압이 봄의 신호일까?

보통 저기압(온대저기압)은 북쪽의 한기와 남쪽의 난기가 충돌해서
발생하고 성장한다. 한겨울에 일본 근처는 한기로 완전히 뒤덮이기
때문에 한참 남쪽에서 난기와 부딪치게 된다. 따라서 저기압도 남쪽
에서 발생한다. 그런데 봄이 가까워지면서 한기가 물러나고 남쪽의
난기가 강해지면, 한기와 난기 경계에 자리 잡는 저기압의 발생 위치
가 점점 북쪽으로 이동하고, 동해를 통과하는 것처럼 보이는 저기압

봄 →

| 한기가 강한 한겨울에는 저기 압이 한참 밑으로 이동한다. | 한기가 조금 누그러지면 저기 압이 북쪽으로 진출한다. | 한기가 더욱 약해지면 저기압 은 동해를 관통하며 지난다. |

**변화하는 저기압의 위치**

이 나타난다. 이 때문에 하루이치방이 부는 시기는 계절이 달라지는 경계라고 생각할 수 있다.

### 폭풍 피해에 주의할 것

하루이치방은 봄의 방문을 알리는 풍물시라서 불어오는 바람을 맞으면 마음이 설렌다. 하지만 **태풍 다음으로 폭풍 피해를 일으키기 쉬우므로** 경계할 필요가 있다.

또한 하루이치방이 불면 기온이 급상승하기 때문에 눈이 많이 내리는 지역에서는 눈사태나 융설홍수[3] 등에도 주의해야 한다.[4]

---

3 쌓인 눈이 녹아 홍수를 일으키는 것.-옮긴이

4 하루이치방이 부는 저기압에서 한랭전선이 발생하여 일본을 통과하면, 다시 한기로 뒤덮여서 다음 날 겨울 추위가 찾아오는 경우가 대부분이다.

# 23

## 장마는 왜 생길까?

흐린 날이나 비 내리는 날만 계속되는 시기가 장마다. 이 시기도 2개의 기단(고기압)이 서로 힘겨루기를 하는 탓에 생긴다. 다양한 '장마 하늘'이 나타나는 것이 이 시기의 특징이다.

### 집중호우를 퍼붓는 장마전선

여름이 다가오면 남쪽 바다에서 북태평양 고기압이 발달해서 다가온다. 동시에 북쪽 바다에서는 오호츠크해 고기압이 생겨서, 2개의 고기압이 충돌해 보합 상태가 된다. 2개의 기압이 부딪치는 지점이 장마전선이다.

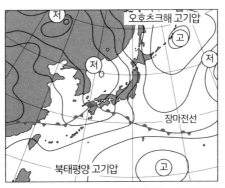

북쪽의 오호츠크해 고기압과 남쪽의 북태평양 고기압의 경계에 장마전선이 생긴다.

**장마 일기도의 예**

처음에는 어느 기단이 우세한지 좀처럼 승부가 나지 않는다. 이때는 비슷한 힘으로 밀고 당기는 **정체전선**의 성질이 강하지만, 점점 여름이 다가올수록 뜨거운 북태평양 고기압이 더욱 강해져서 전선은 천천히 북쪽으로 올라간다. 장마 끝 무렵에는 활발해진 장마전선이 일본을 가로지르기 때문에 비가 강하게 내리고 때로는 집중호우를 퍼붓기도 한다.

장마전선이 북상해서 더 이상 영향이 없을 것으로 판단될 때 '장마 종료'라고 한다.[1] 장마가 끝나면 무더위가 기승을 부리는 맑은 날씨가 이어지고 태풍이나 뇌우 이외에 제대로 된 비는 거의 내리지 않는다.

## 다양한 장마 하늘

장마도 성격이 다양하다. 장대비가 쏟아지다가 눈부시게 맑은 하늘이 나타나는 등 변화무쌍한 장마를 **양성장마**, 연일 흐린 날씨가 이어지고 비가 끊임없이 추적추적 내리는 장마를 **음성장마**라고 부른다.

양성장마는 호우 피해, 음성장마는 냉해나 일조량 부족에 주의가 필요하다.[2] 장마 기간 동안 전반적으로 음성장마였지만 말기에 양성장마로 바뀌는 일도 자주 있다.

---

1  '장마 시작'과 '장마 종료'의 명확한 정의는 없다. 간토·고신 지방의 경우는 6월에 2~3일 흐린 날과 비 오는 날이 이어지면 기상청에서 '장마가 시작된 것으로 보인다'고 발표한다.

2  2019년 간토 지방은 전형적인 음성장마가 찾아와 일조량 부족과 '장마 추위'가 종종 화제가 되었다.

전선의 활동이 약하거나 장마가 너무 빨리 끝나서 기간 강수량이 적으면 **마른장마**이며, 그 상태로 한여름에 접어들면 심각한 물 부족 사태를 겪게 된다.

장마전선이 북상해서 끝났다고 생각했더니, 다시 내려와 장마로 돌아간 듯 퍼붓는 **되돌이장마**도 있다. 그 밖에 천둥·번개를 동반하는 **번개장마** 등 장마의 모습은 다양하다.

장마 종료의 모습도 여러 가지다. 일반적인 장마 종료와는 반대로 북쪽에서 오호츠크해 고기압이 강하게 진출해 장마전선이 남쪽으로 밀려 그대로 소멸해버리는 경우도 있다. 이 경우에는 냉해를 입기 쉽다.

## 가을장마전선

장마전선의 영향이 심각할 때는 8월이 되어도 장마전선이 전혀 일본에서 물러나지도 소멸하지도 않은 상태로 가을장마전선이 되는 경우도 있다(일본에서 장마전선은 입추[3]를 지나면 가을장마전선으로 이름이 바뀐다). 일본에서는 1993년의 사례가 전형적인데, 많은 지역이 장마 종료 시기를 특정할 수 없는 상황에 놓였다. 벼농사 흉작 피해가 속출해서 태국에서 쌀을 수입했던 일을 기억하는 사람이 많을 것이다.

---

3  입추는 24절기 중 열세 번째이며, 8월 7일경이다. 하지와 추분의 사이로 이날부터 입동(11월 7일 경)의 전날까지를 가을로 본다.

## 장마가 없는 지역

홋카이도나 오가사와라제도에는 장마가 없다. 홋카이도는 오호츠크해 고기압으로, 오가사와라제도는 북태평양 고기압으로 완전히 뒤덮여서 장마전선과는 상관이 없기 때문이다. 간혹 홋카이도에서는 비가 많이 내리면 '에조장마[4]'라고 부르는 경우가 있다.

## 왜 장마라고 부를까?

장마의 명칭에 대한 유래는 확실하지 않다. 일본에서는 장마를 '츠유(梅雨)'라고 부른다. 매실의 열매가 익는 계절이라는 뜻을 담아 매화 매(梅), 비 우(雨)라고 부른다는 설이 있고, 곰팡이가 생기기 쉽다는 것을 의미하는 '곰팡이비(黴雨)'에서 유래했다는 설 등이 있다[곰팡이 매(黴)와 매화 매(梅)의 발음이 같다]. 중국도 일본과 마찬가지로 사용하는 글자와 뜻이 같으며 '메이유(梅雨)'라고 부른다.

---

4 '에조'는 홋카이도의 옛 이름이다.-옮긴이

# 24

## 간토 지역의 장마와
## 규슈 지역의 장마는 왜 다를까?

장마라고 해도 실제로는 일본의 서쪽과 동쪽의 특징이 다르다. 발생하는 구름이나 비가 내리는
모양도 달라진다. 대체 어찌 된 영문일까?

### 서쪽은 폭우, 동쪽은 추적추적

도쿄를 비롯한 간토 지방이나 동북 지방의 태평양 쪽 주민들은 장마
를 생각하면 비가 연일 추적추적 내리는 장면을 떠올릴 것이다.

하지만 뉴스를 보고 있으면 규슈 등 서쪽 지역에서는 매일 맹렬하
게 비가 퍼붓는다고 보도된다. 원래 날씨는 서쪽에서 동쪽으로 변화
하므로 곧 도쿄에서도 세차게 비가 내릴 법하다. 이러한 현상은 대체
왜 일어날까?

사실 일본의 장마전선은 서쪽과 동쪽의 성질이 크게 다르다.

앞서 설명한 것처럼 오호츠크해 고기압과 북태평양 고기압 사이에
정체전선이 생긴다는 내용은 교과서에도 등장하는데, 어디까지나 장
마전선의 동쪽 성질에 지나지 않는다.

### 일본의 서쪽은 수증기전선

다음 쪽 그림을 자세히 보자. 일본의 서쪽에서는 대륙의 덥고 약간
습한 공기와 바다의 따뜻하고 매우 습한 공기가 충돌한다. 즉, **더운 공**

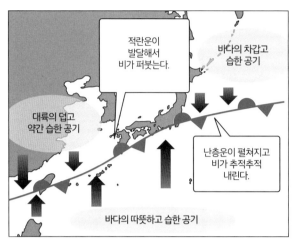

일반적인 전선은 기온 차이(따뜻한 공기와 차가운 공기)에 의해 형성되지만, 수증기량의 차이(건조한 공기와 습한 공기)에 의해 형성되는 전선도 있다. 이것을 수증기전선이라고 부른다. 일반적인 전선은 전선의 북쪽에 강수량이 많아지는데, 수증기전선은 남쪽에 폭우가 내리기 쉬운 특징을 갖고 있다.

**동쪽 장마와 서쪽 장마의 서로 다른 성질**

기끼리 **충돌**한다는 이야기다. 갖고 있는 수증기량이 다른 공기가 맞부딪치기 때문에 일반적인 정체전선과 달리 **수증기전선**이 형성된다.

전형적인 정체전선이 발생하는 **동쪽에서는 난층운이 뻗어나가며 추적추적 비가 내린다.** 하지만 서쪽에서는 수증기전선의 영향으로 대기 상태가 매우 불안정해지고 적란운에 의해 회오리치는 폭우가 퍼붓는다.

### 간토평야로 진출할 수 없는 적란운

일본의 서쪽에서 생긴 적란운은 동쪽으로 이동하지만, 간토평야의 서쪽은 높은 산맥으로 둘러싸여 있어서 적란운이 침입하기 어렵다.

동쪽으로 진출하는 적란운은 하코네와 남알프스산맥을 좀처럼 넘지 못한다.

**적란운을 막는 산맥**

장마전선의 영향만 두고 설명하면, 이러한 상황 때문에 동쪽에 위치한 도쿄에는 폭우가 내리는 날이 적다고 할 수 있다.

하지만 상공에 강한 한기가 유입되거나 태풍 및 열대저기압이 접근하면, 간토 지방에도 놀랄 만한 큰비가 내린다. 이 내용은 어디까지나 일반적인 경향이므로 최신 날씨 예보를 자주 확인하기 바란다.

# 25

## 왜 가을 하늘은 변화무쌍할까?

가을 날씨가 변화무쌍한 이유는 여름의 고기압이 힘을 잃고, 대륙에서 편서풍을 타고 저기압과 고기압이 잇달아 일본 하늘을 통과하기 때문이다.

### 시시각각 변하는 가을 하늘

일본에는 '여자 마음과 가을 하늘', '남자 마음과 가을 하늘'이라는 속담[1]이 있다. 알 수 없는 이성의 마음처럼 변덕이 죽 끓듯이 느껴지는 것이 가을 날씨다.[2]

여름은 북태평양 고기압의 완전한 영향권으로 날씨가 안정되어서, 매일 쾌청하고 무덥다. 하지만 가을이 되면 북태평양 고기압이 약해진다. 그리고 강한 서풍인 **편서풍**이 일본 하늘을 가로지르며 분다. 이 편서풍을 타고 저기압과 고기압이 일본을 통과하며 날씨가 맑았다가 흐렸다가 비가 내리거나 하면서 어지럽게 변한다.

또한 가을이 되어 북태평양 고기압의 세력이 수그러들면 **태풍**도 일

---

1  남자는 여자의 심리를 이해하지 못해서 '왜 이렇게 변덕이 심할까?'라고 의문을 갖고, 여자도 남자의 심리를 파악하지 못해서 '남자 마음은 알 수가 없어'라고 느끼는 모습을 표현한 말이다.

2  우리나라의 가을 날씨도 변덕스럽다. 장마전선이 빠져나가고 대륙에서 고기압이 형성되면서 편서풍을 타고 서쪽에서 동쪽으로 이동성 고기압이 움직여 맑은 날씨가 이어진다. 이동성 고기압이 지나간 후에는 이동성 저기압(온대저기압)이 다가오는데, 이 저기압 때문에 날씨가 변화무쌍해진다. 온대저기압은 온난전선과 한랭전선을 동반하는데 편서풍을 타고 이동하면서 찬 기류와 따뜻한 기류가 수시로 충돌하며 대기 상태가 불안정해진다.-옮긴이

본 쪽으로 접근하기 쉬워진다. 해에 따라서는 여름의 더운 공기와 가을의 시원한 공기 사이에 **가을장마전선**이 형성되어 오랫동안 비가 쏟아지는 경우도 있다.

한후기가 가까워지면서 한기가 급격하게 유입될 때는 대기의 상태가 불안정해져서 종종 천둥·번개를 동반한 비가 내리기도 한다.

## 동해의 늦가을 비

가을이 깊어지면 일본의 날씨는 태평양 쪽은 안정되는 경우가 많지만, 동해 쪽에는 **늦가을 비**(時雨)가 내리는 우기에 돌입한다. 늦가을 비는 태평양 쪽 지역에는 없는 기후라서 도쿄 인근 지역의 주민들은 상상하기 어려울 수도 있다.

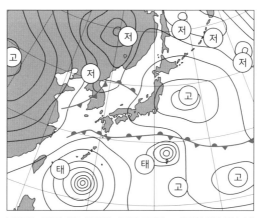

남쪽에는 2개의 태풍, 북쪽에는 5개의 저기압, 그 사이를 채우듯이 4개의 고기압이 있다. 보고 있으면 눈이 뱅글뱅글 돌아갈 것 같다.

**복잡한 가을 일기도**

차가운 바람과 함께 머리 위로 차례차례 적운이나 적란운이 흘러가고, 소나기가 빈번하게 쏟아지며, 때로는 번개나 우박을 동반하는 요란한 날씨를 경험하게 된다. 여름철 소나기가 하루에 몇 차례씩 반복되는 장면을 상상하면 도움이 될 것이다. 또한 계절이 바뀌면 늦가을 비가 눈으로 바뀌어 동해 지역은 본격적인 눈의 계절을 맞이하게 된다.

이렇듯 가을의 날씨는 다양한 요소에 좌우되어서 변하기 쉽고 복잡하다는 인상을 갖게 된 것이다.

# 26

## 왜 겨울철 동해 지역에는 폭설이 내릴까?

겨울에는 시베리아 기단(고기압)의 세력이 강해져 공기가 너무 한랭한데, 이와 비교하면 동해 바다는 온탕이나 마찬가지다. 바다에서 발생하는 수증기와 열 때문에 동해 지역에 대설이 내린다.

### 일본은 세계 최고의 폭설 지역

일본의 동해 지역은 세계에서도 높은 강설량을 기록하는 대설 지대다.

지금까지 적설량의 세계 기록은 1927년 시가현의 이부키산에서 관측된 1,182cm(약 12m)다.

놀라기엔 아직 이르다. 관측 지점 이외의 장소에 더 깊게 눈이 쌓여있을 가능성도 있다. 예를 들어 눈의 대계곡 사이를 걷는 관광으로 유명한 다테야마 구로베 알펜루트[1]에서는 눈 벽의 높이가 20m를 넘

출처. 셔터스톡

**다테야마 구로베 알펜루트의 '눈의 대계곡'**

---

1   도야마현 나카니카와군 다테야마정의 다테야마역과 나가노현 오마치시의 오기자와역을 연결하는 교통로다. 눈으로 높은 벽을 만들 수 있었던 것은 도야마가 대설 지대로 습기를 머금은 눈이 많이 쌓이기 때문이다.

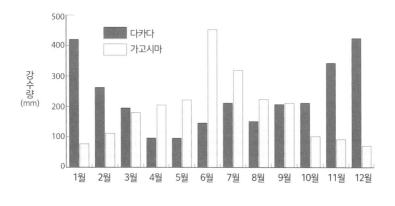

강수량 비교

는 곳도 있는 듯하다(인공눈으로 만들었기 때문에 정확한 적설심의 기준으로 삼을 수는 없다).

강수량을 기준으로 보아도 놀라운 수치를 엿볼 수 있다.

다카다(니가타현 조에츠시)와 가고시마시의 평균 강수량 그래프를 나란히 비교해보자. 12월과 1월 다카다의 강수량과 6월 가고시마 강수량을 살펴보면 큰 차이가 없다는 점을 알 수 있다. 6월의 가고시마는 매년 폭우 피해가 뉴스에 보도될 만큼 비가 많이 내리는 지역이다. 여름철 강수량에 필적하는 눈이 내리는 점이 놀랍다.

## 겨울 동해는 온탕이나 마찬가지?

왜 이렇게 터무니없이 많은 눈이 내리는 것일까? 그 원인은 시베리아 기단(시베리아 고기압)과 동해다.

시베리아 기단이 동해를 건널 때 수증기와 열을 얻기 때문인데, 한

바다, 하천, 호수 등의 수면에 하얀 김처럼 안개가 피어오르는 현상. '증기무'라고 불린다. 야간의 기온이 복사냉각으로 차갑게 식고, 다음 날 아침 날씨가 쾌청할 때 발생한다.

### 서리안개

랭한 시베리아 기단의 입장에서 보면 동해는 온탕이나 마찬가지다. 실제로 겨울에 동해 바다 위로 김이 피어오르는 것이 종종 관측된다(이것을 '증기무'라고 부른다).

바다의 영향으로 시베리아 기단은 아래쪽부터 따뜻해져서 대기 상태가 불안정해지고, 동해 하늘에 적란운이 계속 발생한다. 이러한 적란운은 북서계절풍을 타고 동해 쪽 지역에 밀어닥쳐서 천둥·번개를 동반한 대설을 내린다.

한편 습한 공기는 산에 가로막혀서 간토 지역 등에서는 건조하고 맑은 날이 많아진다(88쪽 상단 그림 참조).

## 27

# 왜 태평양 쪽 지역에도 폭설이 내릴까?

겨울철 간토 지역이나 도카이 지역은 맑은 날이 압도적으로 많은 것이 특징이다. 그런데 몇 년에 한 번 폭설이 내려서 도쿄의 도시 기능이 마비되는 경우도 생긴다. 원인은 무엇일까?

**단 하루에 엄청난 눈이 쌓이기도 한다**

일본의 동해 지역은 세계 최상위권의 폭설 지대다. 그런데 가끔 태평양 쪽 지역에도 폭설이 내린다. 2014년 2월 14~15일이 최근 기록으로 야마나시현의 가와구치코에서 143cm, 고후 114cm, 도쿄 27cm, 요코하마 28cm 등 믿기 힘든 적설심을 기록했다. 특히 가와구치코와 고후에서는 역대 기록을 크게 갱신했다(고후의 두 번째 적설심 기록은 49cm다).

동해 지역은 큰 눈이 몇 주간에 걸쳐 내리면서 적설심 기록이 높아지지만, 태평양 지역은 단 하루에 한꺼번에 쏟아지는 것이 특징이다. 두 지역의 차이는 무엇일까?

**남안저기압**

동해 지역의 폭설은 시베리아 기단이 차가운 공기를 방출하는 것이 원인이다. 동해에서 발생한 적란운은 산을 넘기 매우 힘들다. 풍향에 따라서는 나고야나 오사카, 가고시마 등에 눈을 내리게 하기도 하지

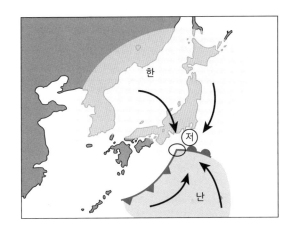

남안저기압은 한기를 끌어들이면서 발달한다

만, 간토평야는 서쪽에서 북쪽으로 높은 산맥이 감싸는 형태이기 때문에 눈구름이 침입하는 것이 일단 불가능하다. 따라서 간토평야의 눈은 전혀 다른 원인으로 내리는 것이다.

그 원인은 **남안저기압**이다. 봄이 가까워오면 북쪽에서 내려온 시베리아 고기압이 힘을 잃고, 혼슈의 남쪽 해안의 동쪽으로 저기압이 진출하는 일이 많아진다. 이 저기압은 북쪽의 한기까지 흡수하며 발달하기 때문에 태평양 쪽 지역에도 대설이 내리는 것이다.

## 간토 지역의 대설 예보가 어려운 이유

남안저기압이 영향을 미칠 때 대설 예보는 현실적으로 매우 어렵다. 간토 지방 등에서 눈이 내릴 때는 항상 '비나 눈'이라는 애매한 기온 분포가 형성된다. 동해 지역처럼 '오늘 중 어느점 아래로 기온이 떨어질 것이므로 틀림없이 눈이 올 것으로 예상됩니다'라고 확실하게 말할 수 있는 경우는 드물다. 도쿄에서 최고기온이 어는점보다 내려가는 한겨울 날은 지금까지 네 번밖에 없었고, 그중 세 번은 19세기의 기록이다.

특히 0~2℃ 사이는 기온 변화가 매우 예민하게 나타난다. 고작 0.2℃ 차이만으로 눈이 쌓이는 방식이 달라지거나, 다른 조건도 더해져 1.5℃임에도 쉴 새 없이 눈이 쌓이는 경우도 있고, 1℃의 기온에도 전혀 눈이 쌓이지 않기도 한다.[1]

또한 남안저기압은 진행 방향도 중요하다. 육지에 매우 가깝게 움

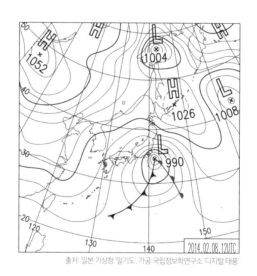

출처: 일본 기상청 '일기도', 가공: 국립정보학연구소 '디지털 태풍'

간토·고신 지역에 대설을 부르는 남안저기압

---

1  습도, 풍속, 상공의 기온 등도 복잡하게 영향을 미친다.

직이면 강수량이 많아지는데, 따뜻한 공기도 함께 유입되기 때문에 비로 내리는 경우가 많은 것 같다. 반대로 육지에서 너무 멀어지면 기온이 낮아도 눈이 제대로 내리지 않는 상황이 된다. 육지에서 너무 가깝지도 않고 너무 멀지도 않은 적절한 거리일 때 간토 지역에 눈이 내린다.[2]

## 저기압의 발달 정도에 따라 폭설이 내릴 장소가 바뀐다?

저기압이 어느 정도 발달했는지도 중요한 요소다. 저기압이 발달할수록 구름이 커지는 경향이 있어서 강수량이 많아지고, 차가운 공기는 물론 따뜻한 공기까지 끌어당기는 힘도 강해진다.

간토·고신 지역에서는 재미있는 경향이 나타나는데, 저기압이 매우

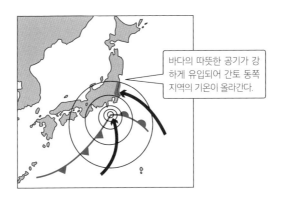

바다의 따뜻한 공기가 강하게 유입되어 간토 동쪽 지역의 기온이 올라간다.

**저기압이 매우 발달하면 간토 동쪽 지역의 기온이 올라간다**

---

2  예전에는 '저기압이 하치조섬 북쪽으로 통과하면 비, 남쪽으로 통과하면 눈'이라는 경험에 의지한 관측도 있었지만, 최근에는 적중률이 낮아서 별로 참고가 되지 않는다.

발달할 때는 도쿄와 야마나시에 대설이 내리고, 별로 발달하지 않을 때는 이바라키에 대설이 내리기 쉽다는 것이다.

저기압의 발달이 격해지면, 육지와 비교해서 상대적으로 따뜻한 북동쪽의 해풍도 끌어오기 때문에 간토 동쪽 지역은 기온이 올라가고 이바라키 쪽은 눈이 쌓이게 된다.

## 강추위를 불러오는 복사냉각이란 무엇일까?

구름 한 점 없는 겨울 아침은 뼛속까지 시린 느낌이 든다. 일본 사상 최저기온도 복사냉각이 원인이었다. 대체 어떤 원리일까?

### 열을 우주로 방출하는 복사냉각

사람들은 겨울의 맑고 온화한 밤과 북풍이 세차게 부는 밤 중에서 어느 쪽이 더 춥다고 느낄까? 맑고 온화한 밤을 더 춥다고 느낀다는 것이 정답이다.

바로 우주 공간으로 열이 달아나면서 일어나는 현상 때문이다. 이 현상을 **복사냉각**이라고 한다.

맑고 온화한 밤에는 지표면의 열이 순조롭게 우주 공간으로 방출 (복사)된다. 그래서 지표면은 점점 얼어붙는다.

한편 바람이 강하면 공기가 뒤섞이기 때문에 도망가던 열이 지표면으로 되돌아오기도 한다. 그래서 열이 우주 공간으로 많이 방출되지 못하므로 큰 추위는 찾아오지 않는다.

또한 구름은 열을 흡수하기도 하고 되돌리기도 한다. 그래서 흐린 날도 복사냉각이 순조롭게 진행되지 않는다.

흐리거나 비 오는 날은 해가 없어서 기온이 잘 오르지 않지만, 아침 공기가 따뜻하게 느껴지는 경우가 많은 것은 이러한 이유 때문이다.

우주로 점점 열이 달아난다.

우주로 열이 달아나기 어렵다.

강추위는 흐린 날보다 맑은 날 찾아온다.

**복사냉각**

## 복사냉각으로 -41℃를 기록하다

일본의 극단적인 저온 기록은 대개 복사냉각이 강해진 조건일 때 나온다. 일본 사상 최저기온은 아사히카와의 -41℃다. 복사냉각이 진행되는 조건이 갖춰지고, 지표면의 열을 점점 빼앗겨 홋카이도 내륙이 꽁꽁 얼어붙은 날의 기온이다.

홋카이도 가미카와에 있는 홋카이도아이스파빌리온에서는 -41℃의 극한 체험을 할 수 있다. 이 체험을 직접 해본 적이 있는데, 이토록 차가운 공기는 무기라고 느껴질 만큼 고통스러웠던 기억이 난다.

# 꽃가루 알레르기와 기생충의 관계

오늘날 일본인은 5명 중 1명이 꽃가루 알레르기(화분증)를 겪고 있다고 한다.

봄이 찾아오면 왠지 모르게 마음이 들뜨기 마련이지만, 꽃가루 알레르기가 있는 사람에게는 매우 괴로운 계절이라고 할 수 있다. 꽃가루 알레르기의 증상은 콧물, 코 막힘, 재채기, 눈 가려움 등이 장기간에 걸쳐 계속되는 것으로 공부나 업무에 집중할 수 없는 상황이 된다.[1] 나는 꽃가루에는 아무 증상이 나타나지 않지만, 혈관운동성 비염 증상에 시달리기 때문에 꽃가루 알레르기 질환자의 심정을 조금이나마 이해할 것 같다.

꽃가루 알레르기는 꽃가루가 날아와 코나 눈을 간질여서 나타나는 증상이 아니다. 알레르기 반응의 일종으로, 백혈구의 폭주가 원인이다. 백혈구는 병원체와 같은 이물질을 공격해서 몸을 지키는 세포인데, 때로는 무해한 이물질에 과잉 반응하는 경우가 있다. 이것이 알레르기 반응이다.[2]

삼나무 꽃가루는 매년 여름 기온이 높은 날 많이 떠다니는 경향이 있다. 바람이 강한 날이나 기온이 높은 날일수록 비산량이 많아진다. 반대로 추운 날이나 비, 눈이 내리는 날은 비산량이 적어지는 것이 일반적이다. 봄다운 봄을 즐기기 가장 좋은 날일수록 꽃가루 알레르기 대책을 확실히 세워두는 편이 좋다고 할 수 있다.

꽃가루 알레르기는 빨리 약을 먹어서 증상을 경감시키는 방법도 유효하다. '꽃가루 알레르기가 아닐까' 불안한 생각이 든다면 이비인후과를 찾아가 혈액 검사를 하고 약을 처방받는 편이 좋다. 규칙적인 생활을 하고, 스트레스를 잘 조절하도록

---

1 꽃가루 알레르기 증상은 고추냉이를 꿀꺽 삼켰을 때 코가 쩡하고 울리는 고통이 계속 이어진다고 상상하면 도움이 될 것 같다.

2 예를 들어 '실내에 사람과 동물에게 무해한 벌레가 날아다닌다. 벌레를 쫓기 위해 경비원이 모두 모여서 기관총을 마구 발사한다. 벽도 창문도 가루가 된 후 "임무 완료! 수고하셨습니다!"라고 외치는 장면'과 비슷하지 않을까 생각한다.

노력하는 것도 중요하다. 백혈구는 스트레스의 영향을 매우 크게 받기 때문이다.

또한 회충이나 촌충 같은 기생충이 꽃가루 알레르기를 비롯한 알레르기 증상을 억눌러준다는 주장이 있다. 대부분의 일본인 몸속에 기생충이 살았던 시대에는 알레르기로 고민하는 사람이 거의 없었다. 그러나 청결 의식이 높아지고 기생충을 거의 박멸하다시피 한 결과로 꽃가루 알레르기가 일반화되었다는 내용이다.

'촌충을 몸속에 키우면 꽃가루 알레르기가 낫는다'는 주장은 매년 괴로운 증상으로 고민하는 사람에게 솔깃할 만한 이야기일지도 모르겠다.

# 제 4 장

## 태풍

· · · · · ·

# 29

## 태풍은 어떻게 발생할까?

태풍은 폭풍, 폭우, 벼락, 높은 파도, 해수면 상승, 낙뢰 등 심각한 기상 현상을 일으킨다. 그래서 태풍은 기상 현상의 왕이라고 할 수 있다.

### 적란운 집단

태풍은 적란운이 여러 개 모인 집단으로, 일본에서 가장 많이 발생한 해에는 40여 개가 확인되었고 적어도 20개 이상은 꾸준히 발생한다.[1]

지구상에서 적란운이 많이 존재하는 장소는 어디일까? 바로 35쪽에서 이야기한 내용처럼 적도 부근의 적도저압대와 열대수렴대(ITCZ)라고 불리는 열대 해역이다. 여기에서는 끊임없이 적란운이 발생한다. 같은 위도의 육지에는 열대다우림(셀바스[2], 정글)이 많고, 이 지역에서는 거의 매일 거센 뇌우가 요란하게 내린다.

이 부근에서 쉬지 않고 발생하는 적란운은 저압부[3]가 있으면 모여들어 집합체를 이루는 경우가 있다. 위성 영상에서도 저위도에 무척

---

1 우리나라의 태풍은 7~9월에 집중되어 있으며, 드물게 6월과 10월에 발생하는 경우도 있다. 우리나라에 영향을 준 태풍은 1980~2010년까지 30년 평균 25.6개이며, 2000~2010년까지 10년 평균 23개이다. 태풍이 가장 많이 발생한 해는 1967년으로, 39개의 태풍이 발생했다. 연간 약 3~4개의 태풍이 우리나라에 상륙한다(국가태풍센터 참고).－옮긴이
2 남아메리카 아마존강 유역에 있는 열대 밀림 지역으로 고온다습하며, 전 세계에 공급되는 산소의 25% 이상을 만들어낸다.－옮긴이
3 저압부는 주위보다 기압이 낮은 부분을 말하며, 저기압과 거의 같은 의미로 쓰인다. 중심이 확실하지 않은 점이 다르다.

**열대수렴대**

큰 적란운 덩어리가 발견되기도 하는데, 대체 얼마나 대단한 비가 쏟아지고 있을지 상상만으로도 소름이 돋는다.

## 태풍이란?

적란운 집단이 지구 자전의 영향(코리올리의 힘)으로 소용돌이를 그리며 회전하면서 주변의 적란운을 점점 끌어모으면 열대저기압이 탄생한다. 그리고 열대저기압이 발달하고 중심 부근의 최대풍속이 초속 17.2m를 넘으면 태풍이라고 부른다.

  태풍은 열과 수증기를 에너지원으로 삼아 발달하면서 이동한다. 해수온도가 높을수록 태풍이 발생하거나 발달하기 쉬워지는데, 그 기준은 약 26.5℃다.[4]

---

4  해수온도가 높을수록 해수면에서 활발하게 증발 현상이 일어나 태풍의 먹이가 되는 수증기가 풍부해지기 때문에 태풍이 발생하거나 발달하기 쉬워진다.

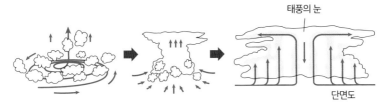

적란운이 모여서, 조직적인 열대저기압으로 발전하고, 태풍으로 변신한다.

**태풍의 발생**

　또한 허리케인과 사이클론은 물리적으로는 태풍과 똑같지만, 존재 지역이 다르다. 허리케인이 서쪽으로 진출해서 날짜변경선을 넘으면 태풍으로 이름이 바뀌기도 한다.

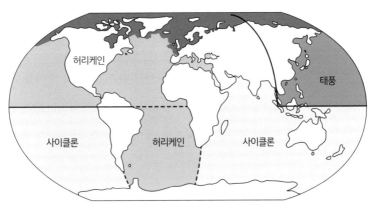

지역마다 부르는 이름이 다를 뿐, 열대저기압이 발달한 기상 현상이라는 점은 모두 똑같다(다만 정의는 조금씩 차이가 있다).

**태풍·허리케인·사이클론**

## 태풍은 적도를 넘지 못한다

아무리 강력한 태풍이라도 절대로 할 수 없는 것이 있다. 바로 적도를 넘는 일이다.

태풍은 지구 자전의 영향으로 **코리올리의 힘**[5]이 발생하여 북반구에서는 시계 반대 방향으로 소용돌이를 그린다. 그러나 남반구에서는 시계 방향으로 소용돌이를 그린다.

즉, 북반구와 남반구에서는 소용돌이의 회전 방향이 다르기 때문에 적도를 넘나들며 이동할 수 없는 것이다.

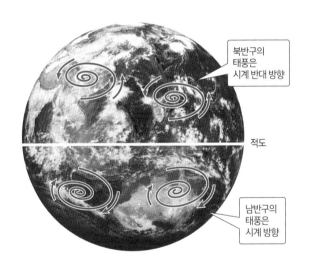

북반구의
태풍은
시계 반대 방향

적도

남반구의
태풍은
시계 방향

**북반구와 남반구의 태풍 회전 모습**

---

5  코리올리의 힘은 회전하는 물체에 작용하는 힘으로 전향력이라고도 하며, 일종의 관성력이다. 지구상에서는 지구 자전 때문에 전향력이 발생하는데, 북반구에서는 물체가 운동하는 방향의 오른쪽으로, 남반구에서는 왼쪽으로 작용한다.－옮긴이

게다가 '태풍은 적도 부근의 적란운이 모여서 생긴다'고 설명했는데, 정확히는 남북으로 약간 빗겨난 위치에서 발생하는 것이 일반적이다. 너무 적도에 가까우면 적란운이 있어도 코리올리의 힘이 작아져서 소용돌이가 생기지 않는다.

## 적도에서는 태풍이 생기지 않는다

열대우림 기후 도시 중에 싱가포르가 있다. 싱가포르에서는 매일같이 소나기나 뇌우가 세차게 휘몰아치기 때문에 휴대용 우산이 필수품이다. 아예 거리를 아케이드 구조로 많이 만들어서 갑작스러운 비를 피하기 쉽도록 배려한 것이 인상적이다.

그런데 싱가포르에서는 태풍이 발생하지 않는다. 적도 가까이에 있기 때문에 코리올리의 힘이 약해서 아무리 적란운이 자주 발생해도 회전하며 태풍으로 발달하지 못하는 것이다.

## 30

# 태풍 구름의 두께는 얼마나 될까?

태풍이 다가오면 비가 내리는 양상이 크게 달라진다. 억수같이 쏟아지다가 금세 해가 얼굴을 내밀기도 한다. 태풍은 대체 어떤 구조일까?

## 높이는 20km에 달한다

태풍은 적운[1]과 적란운의 집단이며, 구름이 소용돌이 모양으로 말린 것처럼 나란히 정렬되어 있다. 일반적으로 중심에 가까울수록 적란운이 높게 발달한 경우가 많고, **높이가 20km에 가까운 구름도 있다**(일반적인 비구름은 고작 몇 km 정도다).

태풍의 중심에는 '눈'이라고 불리는 구름 없는 공간이 있는데, 눈을 에워싸는 모양새로 한층 발달한 적란운이 벽처럼 둘러쳐져 있다.

지금부터 태풍이 다가올 때의 날씨 변화와 구조를 살펴보자.

## 태풍의 구조

### A: 외측강우대

태풍의 중심 쪽으로 말려들어가는 것처럼 나선 모양으로 형성된 적

---

1  적운은 목화솜처럼 뭉게뭉게 피어오르는 구름으로 맑은 날에 자주 보인다. 적운 자체는 소나기가 내릴 가능성이 있는 정도지만, 대기 상태가 불안정하면 많은 비를 뿌리는 웅대적운(콜리플라워같이 생긴 적란운), 적란운(모루구름)으로 발달할 우려가 있다.

란운 무리를 '스파이럴 밴드(spiral band)'라고 부른다. 그중 중심에서 200~600km 부근에 있는 것이 **외측강우대(outer band)**다. 태풍이 본격적으로 등장하기 전, '이제 태풍이 올 차례야'라고 긴장하는 시점에 볼 수 있다. 가을장마전선이나 장마전선과 합체하면 외측강우대만으로 하루에 수백 mm의 기록적인 폭우가 내릴 수도 있다.

## B: 내측강우대

이어서 중심에서 200km 이내에 있는 활발한 적란운의 띠가 **내측강우대(inner band)**다. 종종 천둥·번개를 동반하고, 폭포처럼 비가 쏟아지다가 갑자기 해가 비치는 등 매우 정신없는 날씨를 보게 된다. 하늘을 올려다보면 구름이 매우 빠른 속도로 이동하는 모습을 확인할 수 있다.

출처: 픽레포

**태풍의 구조**

## C : 아이월

태풍의 눈을 감싼 벽처럼 생긴 구름이 **아이월(eye wall)**이다. 맹렬하게 발달한 적란운이 벽처럼 늘어서 있다. 이곳은 태풍다운 맹렬한 폭풍우가 몰아치며 1시간 동안 100mm나 150mm라는 말도 안 되는 폭우와 폭풍을 동반하는 경우도 있다.

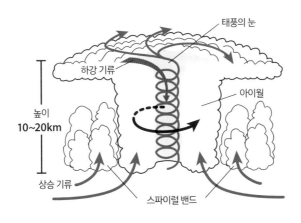

**태풍의 단면도**

| 태풍의 눈 | 하강 기류를 관찰할 수 있고, 구름이 없으며 비바람이 약해진다. 크기는 지름이 약 20~200km에 이른다. 태풍의 눈이 작고 확실하게 보일수록 힘이 강하다. |
| --- | --- |
| 아이월 | 태풍의 눈 주위는 아이월이라고 부르며, 매우 발달한 적란운이 벽처럼 에워싸고 있다. 여기에서는 맹렬한 폭풍우가 몰아친다. |
| 스파이럴 밴드 | 아이월의 바로 바깥쪽에 약간 폭이 넓은 스파이럴 밴드(강우대)가 있고, 거센 비가 연속적으로 내린다. |

# 31

## 왜 태풍에는 눈이 있을까?

강한 태풍은 기상위성으로 촬영한 사진에도 태풍의 눈이 확실하게 찍힌다. 이 '눈'은 왜 생기는 것일까?

## 원심력이란?

유원지의 대표적인 놀이기구 중에 회전커피잔이 있다. 비명이 나오는 놀이기구를 좋아하는 사람들은 많이 돌릴수록 재미있다고 생각해 커피잔 돌리기에 최선을 다한다.

회전커피잔을 탔던 기억을 돌이켜보자. 커피잔이 빠르게 회전하면 몸이 가장자리로 세게 밀쳐져서 아팠던 경험이 있을 것이다.

이때 작용하는 힘이 원심력이다. 원심력은 물체가 회전운동을 할

출처: 픽스히어

회전커피잔

때, 원의 중심에서 바깥 방향으로 밀어내듯이 작용하는 힘이다. 사실 태풍에도 같은 힘이 작용한다.

## 태풍의 눈과 원심력

앞서 설명한 것처럼 태풍은 중심을 향해서 바람이 힘차게 파고든다. 게다가 지구 자전의 영향으로 나선형으로 감싸듯이 회전하기 때문에 인공위성에서 관측하면 소용돌이 모양으로 구름이 줄 서 있는 듯이 보인다.

소용돌이는 회전운동을 하고 있다는 증거다. 당연히 태풍에도 원심력이 작용한다. 특히 풍속이 빠른 태풍의 중심부에서는 원심력이 커져서 바깥쪽으로 밀어내는 듯한 공간이 형성된다. 이것이 바로 태풍의 눈이다.

눈이 확실히 보이는 태풍은 풍속이 강하고, 잘 발달되어 있다. 한편 태풍이 힘을 잃고 풍속이 약해지면 눈이 흐려져 잘 알아볼 수 없게 된다.

## 태풍의 중심은 평온하다

태풍의 눈 속은 원심력이 작용하므로 적란운이나 폭풍이 침입할 수 없어서, 청명하고 온화한 날씨인 경우가 있을 정도로 평온하다.

다만 눈을 둘러싸듯이 아이월(123쪽 참조)이라는 적란운의 벽이 세워져 있기 때문에 태풍이 조금만 움직이면 다시 폭풍우가 휘몰아친다.[1]

---

1  일본에 접근하는 태풍은 난세이제도를 제외하면 대부분 세력이 약해진 상태이기 때문에 눈의 구조가 확실하지 않은 경우가 많아서 현실적으로는 태풍 중심의 기상 상태를 경험할 기회가 좀처럼 없다.

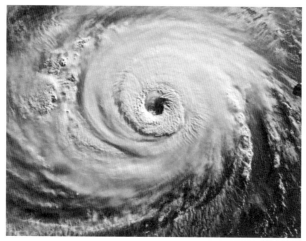

태풍의 눈

## 중심기압은 어떻게 측정할까?

예전에는 태풍의 중심기압을 실측으로 알아냈다. 1987년 8월까지는 미군의 태풍 관측용 비행기로 태풍의 중심까지 돌입한 뒤 **상공에서 기압계를 낙하시켜 중심기압을 측정했다.** 이 방법은 비용이 많이 들고 매우 위험해서 폐지되었다.

지금은 인공위성으로 촬영한 장면을 통해 구름의 패턴(소용돌이의 형태, 태풍의 눈의 모양과 크기 등)을 근거로 중심기압을 추정하고 있다.[2]

---

2  '드보락 측정법'이라고 한다. 기상위성이 가시광선과 적외선으로 촬영한 장면을 이용해서 추정한다.

# 32

## 태풍의 강한 바람은 어떻게 발생할까?

물이 높은 곳에서 낮은 곳으로 흐르는 것처럼 공기도 기압이 높은 곳에서 낮은 곳으로 흐른다.
태풍의 중심 부근은 기압이 매우 낮아서 주변의 공기가 빠르게 흘러든다.

### 강풍이 생기는 이유

태풍은 저기압의 일종이며 심지어 중심기압이 매우 낮다. 즉, **주변의
공기가 태풍의 중심으로 몰려드는** 형태가 된다.

바닷속에 갑자기 깊이 1km의 큰 구멍이 뚫린다고 가정해보자. 나
이아가라 폭포처럼 엄청난 기세로 물이 구멍으로 빨려들 듯 떨어질
것이다.

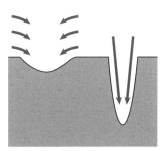

왼쪽처럼 얕은 구멍에는 흘러드는 속도가
느리지만, 오른쪽처럼 깊고 경사가 급한 구
멍에는 빠르게 흘러든다.

**공기는 기압이 낮은 방향으로 흐른다**

이와 똑같은 상황이 공기로 일어나는 것이 태풍이다. 태풍이 접근할 때 강풍이나 폭풍이 일어나는 이유도 마찬가지다. 또한 강하게 불어온 폭풍이 태풍의 중심 부근에서 충돌하고, 세찬 상승 기류를 만들면서 적란운이 형성된다.

## 태풍의 중심기압과 풍속

태풍의 중심기압으로 풍속까지 예측할 수 있다. 날씨 예보에서 중심기압을 중심으로 보도하는 하나의 이유이기도 하다.

태풍의 중심기압과 세기

| 중심기압 | 세기 |
|---|---|
| 1000hPa | 도쿄에서 볼 수 있는 평균적인 저기압.<br>중심 부근의 풍속은 15m/s 정도인 경우가 많다. |
| 980hPa | 도쿄에서 몇 년에 한 번 경험하는 폭풍우.<br>중심 부근의 풍속은 25m/s 정도인 경우가 많다. |
| 960hPa | 1949년의 태풍 키티 수준으로, 상당히 긴장해야 할 태풍.<br>중심 부근의 풍속은 35m/s 정도인 경우가 많다. |
| 940hPa | 북일본과 동일본에서는 드물며, 기록적인 폭풍우가 우려된다.<br>중심 부근의 풍속은 45m/s 정도인 경우가 많다. |
| 930hPa | 5,000명 이상의 희생자가 발생한 태풍 베라 수준(상륙 시).<br>중심 부근의 풍속은 50m/s 정도인 경우가 많다. |
| 920hPa | 미국 역사상 최악의 허리케인 카트리나 수준.<br>중심 부근의 풍속은 55m/s 정도인 경우가 많다. |
| 895hPa | 2013년 필리핀을 덮친 슈퍼 태풍 하이옌 수준.<br>중심 부근의 풍속은 90m/s인 경우가 많다. |
| 870hPa | 사상 최강의 태풍, 1979년의 태풍 팁 수준. |

# 33. 대형 태풍과 강한 태풍의 차이는 무엇일까?

태풍이 다가올 때 중요한 정보는 크기와 강도다. 그 크기와 강도가 어떻게 분류되어 있는지 살펴보자.

## 태풍의 크기와 강도

날씨 예보를 듣다 보면 '강한 태풍', '대형 태풍', '대형이며 강한 태풍' 등으로 표현하는 것을 알게 된다. 각 태풍의 차이는 무엇일까?

격투기에서는 체중에 따라 라이트급, 미들급, 헤비급 등으로 분류하는데, 슈퍼헤비급에 속하는 선수라고 해서 반드시 강하다고 할 수는 없다. 어디까지나 크기만 보고 나눈 것이 '크기'에 따른 분류다.

풍속이 초속 15m 이상이며, 반경이 500km 이상 800km 미만인 것을 **대형(큰) 태풍**, 반경이 800km 이상인 것을 **초대형(매우 큰) 태풍**으로 정의한다.[1][2]

크기 이외에 '강도'를 기준으로도 분류한다.

중심 부근의 최대풍속이 초속 33m 이상 44m 미만인 것을 **강한 태**

---

1   2000년 이전에는 중형 태풍, 소형 태풍, 극소형 태풍이라는 분류가 있었다.

2   우리나라는 태풍 크기 분류를 풍속이 초속 15m 이상이며 반경이 300km 미만인 것은 소형 태풍, 300~500km인 것은 중형 태풍, 500~800km인 것은 대형 태풍, 800km 이상인 것은 초대형 태풍으로 분류한다.-옮긴이

태풍의 크기와 강도

| 크기 | 반경 |
|------|------|
| 대형 | 500km 이상, 800km 미만 |
| 초대형 | 800km 이상 |

| 강도 | 최대풍속 |
|------|----------|
| 강함 | 33m/s 이상, 44m/s 미만 |
| 매우 강함 | 44m/s 이상, 54m/s 미만 |
| 맹렬함 | 54m/s 이상 |

풍, 최대풍속이 초속 44m 이상 54m 미만인 것을 **매우 강한 태풍**, 초속 54m 이상이면 **맹렬한 태풍**으로 정의한다.[3][4] 예를 들면 '대형'이고 '강한' 조건을 모두 만족시키면 '대형이며 강한 태풍'으로 불린다.

## 태풍은 약해도 태풍이다

일본에서는 예전에 태풍의 풍속(초속 17.2m 이상)에 미치지 못하는 열대저기압은 '약한 열대저기압'으로 불렸다. 그런데 1999년 '약한 열대저기압'이 큰 재해를 일으킨 사건을 계기로 방심을 초래하는 이름이라 하여 사용하지 않기로 했다.

---

3  2000년 이전에는 중간 태풍, 약한 태풍이라는 분류가 있었다.

4  우리나라는 태풍 강도 분류를 태풍 중심의 최대풍속이 초속 17m 이상이며 25m 미만인 것은 약한 태풍, 25m 이상이며 33m 미만인 것은 중간 태풍, 33m 이상이며 44m 미만인 것은 강한 태풍, 44m 이상인 것은 매우 강한 태풍으로 분류한다.-옮긴이

# 34

## 태풍의 진로는 어떻게 결정될까?

태풍이 서쪽으로 나아가다가 갑자기 U턴하여 마치 노린 것처럼 일본을 강타하는 일이 있다. 어째서 태풍은 갑자기 진로를 변경할까?

### 태풍의 진로를 결정하는 요소

애초에 태풍은 저기압이라서 고기압에 약하다.

적도에 가까운 열대수렴대(ITCZ)에서 생겨난 태풍은 일본의 남동쪽에 자리 잡은 거대한 북태평양 고기압에 가로막혀서 에돌아가듯이 북서 방향으로 나아간다.

태풍이 어느 정도 북상해서 일본에 가까워지면 편서풍이라는 강한 바람이 부는 위도에 이르게 된다. 이때 태풍이 편서풍을 따라 동쪽으로 진로를 바꾼다. 이 모습이 마치 U턴해서 일본으로 향하는 듯이 보이는 것이다.

서쪽으로 나아갈 때는 바람을 타지 못하므로 이동 속도가 느려서 자전거 속도나 사람이 걷는 속도보다 느린 경우도 있다. 하지만 동쪽으로 진로를 바꿔 나아가기 시작하면 강한 편서풍을 타고 급가속하여 10배 이상의 속도로 움직이는 경우도 있다.[1]

---

1 그 밖에 태풍의 진로를 결정하는 요인에는 다른 태풍이나 저기압의 간섭을 받아 복잡한 움직임을 보이는 후지와라 효과 등이 있다.

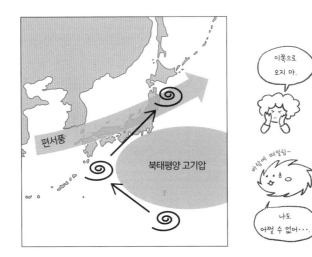

일반적인 가을 태풍의 경로

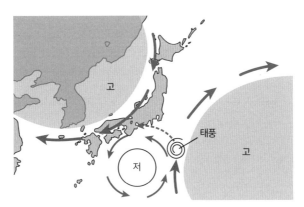

시계 방향으로 회전하는 고기압과 일본 남쪽에 있던 한랭 회오리(저기압)가 시계 반대 방향으로 회전하는 바람을 타고 이동했다.

가는 길목이 막힌 태풍

## 미주태풍

복잡한 움직임을 보이는 태풍도 있다. 예를 들어 2018년에 발생한 태풍 종다리는 태평양에서 이즈제도로 접근한 뒤 진로를 서쪽으로 틀어 미에현에 상륙했다. 그 후에도 다시 서쪽으로 이동한 다음 규슈쪽으로 남하하고 또 대륙 쪽으로 이동했다. 이렇게 가는 길목이 막혀서 복잡한 진로로 우왕좌왕하는 태풍을 미주태풍이라고 부른다.[2]

---

2  다만 일본 기상청에서는 미주태풍이라는 명칭을 '태풍이 길을 잃어서 방황하는 것이 아니므로 정식 용어로 사용하지 않는다'는 입장이다.

## 35 왜 태풍의 오른쪽 바람이 강해질까?

태풍에는 비 태풍과 바람 태풍이 있다. 바람 태풍은 동해 쪽을 지나는 일이 많고, 편서풍을 타고 매우 빠르게 빠져나가는 경향이 있다. 특히 진행 방향의 오른쪽은 주의가 필요하다.

### 비 태풍과 바람 태풍

각종 재해를 일으키는 태풍은 저마다 개성도 다양하다. 비 피해가 유독 큰 태풍도 있고, 강풍에 의한 피해가 두드러지는 태풍도 있다. 그래서 태풍의 특징에 따라 전자를 **비 태풍**, 후자를 **바람 태풍**이라고 부르기도 한다.

**속도가 느리면 비 태풍이 된다**는 말도 있다. 느린 속도 때문에 적란운이 오랫동안 머물며 비를 뿌려서 강수량이 많아지기 때문이다.

또한 **태평양을 통과하는 태풍은 비 태풍, 동해를 통과하는 태풍은 바람 태풍**이 되기 쉽다는 의견도 있다. 태평양을 통과할 때는 습한 공기를 빨아들여 수분이 가득해지고 동해를 통과할 때는 편서풍의 영향을 받기 때문이다.

### 진행 방향의 오른쪽 바람이 강해진다

태풍의 진행 방향 오른쪽은 바람이 강해져서 위험하다는 이야기를 들어본 적이 있을 것이다. 그 이유는 태풍 자체의 바람과 태풍의 이

일본에 영향을 준 태풍

| 태풍 이름 | 특징 |
|---|---|
| 아이다<br><br>(비 태풍) | 1958년 9월 27일에 미우라반도에 상륙한 뒤 도쿄를 직격했다. 가장 위력이 강했을 때의 중심기압은 미군의 관측 결과 877hPa이라는 경이적인 기록을 남겼다. 일본에 가까워지면서 급격하게 쇠퇴한 덕분에 강풍 피해는 적었지만, 폭우로 인한 피해가 상당했다. 도쿄의 24시간 강수량이 392.5mm를 기록해 사상 최고 기록을 세웠다(2위 기록은 284.2mm). |
| 카스린<br><br>(비 태풍) | 1947년 9월 15~16일, 도카이도의 먼 바다에서 보소반도의 남단을 스쳐지나갔다. 태풍 카스린의 영향으로 가을장마전선이 활발해졌는데, 내륙 지방의 총 강수량이 600mm를 넘었다. 간토 지역의 아라카와강, 도네가와강의 둑이 무너지는 큰 수해를 초래했다. |
| 미어리얼<br><br>(바람 태풍) | 1991년 9월 27~28일에 걸쳐서 나가사키현 사세보시에 상륙한 뒤 동해까지 엄청난 속도로 진출했다가 홋카이도 오시마반도에 재상륙했다. 아오모리시에서는 최대순간풍속 53.9m/s라는 사상 1위의 기록을 남겼고, 수확철이었기 때문에 사과가 떨어지는 등의 피해가 나왔다. |
| 마리<br><br>(바람 태풍) | 1954년 9월 26일경 가고시마만에서 오스미반도 북부에 상륙해서 주고쿠 지방을 시속 100km로 횡단하여 동해로 진출한 뒤, 더욱 발달하면서 홋카이도 왓카나이시 부근에 이르렀다. 넓은 범위에서 폭풍이 심하게 불었고, 도야마루를 비롯한 5척의 세이칸 연락선이 폭풍과 높은 파도로 조난당했다. 도야마루 직원 및 승객 1,139명이 사망하는 등 일본 사상 최악의 해난사고를 일으켰다. |

동 방향이 겹치기 때문이다.

동해 쪽으로 태풍이 빠지는 경우, 일본은 전국이 태풍의 오른쪽에 놓인다. 게다가 이러한 진로를 택한 태풍은 편서풍을 타고 맹렬하게 가속하는 경우가 종종 있다. 당연히 진행 방향 오른쪽은 바람이 강해진다.

1991년의 태풍 미어리얼과 1954년의 태풍 마리도 이 코스를 시속 80~100km의 빠른 속도로 빠져나갔다.

비 태풍과 바람 태풍의 진로

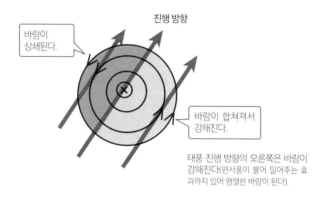

태풍 진행 방향의 오른쪽은 위험하다

# 36

## 왜 태풍은 상륙하면 힘이 약해질까?

바다 위에서 뚜렷한 소용돌이를 그리며 '눈'도 확실하게 보이던 태풍도 상륙하면 즉시 형태가 무너지는 경우가 다반사다. 그 이유는 무엇일까?

### 태풍의 에너지원은?

바다에서는 심상치 않은 소용돌이를 일으키며 폭주하던 태풍이 상륙하자마자 세력을 잃고 초라해지는 이유는 크게 2가지다.

애초에 **태풍의 에너지원은 수증기와 열이다.** 열대 지방에서 열을 얻어 뜨거워진 공기는 상승 기류의 발달을 재촉하여 적란운을 계속해서 만들고 태풍을 발달시킨다.

그런데 바다에서는 대량의 수증기로 에너지를 축적할 수 있지만, 육지로 진출하면 에너지원인 수증기 공급이 끊긴다. 자연히 태풍의 세력이 급격히 쇠퇴하게 된다. 상륙 후에 힘을 잃는 첫 번째 이유다.

### 왜 태풍은 상륙하면 형태가 무너질까?

두 번째 이유는 육지가 바다보다 울퉁불퉁해서 **태풍과 지표면 사이에 마찰이 발생하기 때문이다.** 마찰에 의해 태풍의 소용돌이 구조가 무너지면서 힘을 잃는다. 그런데 구름이 흩어진 탓에 태풍과 멀리 떨어진 곳에서 비가 억수같이 쏟아지는 경우도 있으므로 주의해야 한다.

## 37

# 태풍은 온대저기압으로 바뀌면 약해질까?

많은 사람이 태풍은 온대저기압으로 바뀌면 더 이상 위험하지 않다고 생각하지만, 이것은 오해다. 실제로는 온대저기압이 된 후 더욱 발달하기도 하므로 경계해야 한다.

## 온대저기압으로 바뀌어도 발달하는 경우가 있다

태풍은 적도 부근의 고온다습한 공기(적도 기단)로 형성된 소용돌이다. 이때의 태풍은 뜨거운 공기만으로 이루어져 있기 때문에 전선은 동반하지 않는다.

하지만 태풍이 북상하여 중고위도에 이르면 차가운 공기와 충돌하기도 한다. 온도가 다른 두 공기 사이에 전선이 형성되면서 온난전선과 한랭전선을 동반하는 일반적인 저기압(온대저기압)으로 변한다.

태풍이 온대저기압으로 바뀔 때는 **단순히 구조가 달라질 뿐이며, 결코 약해진다는 의미가** 아니다. 온대저기압으로 변신한 후 다시 발달하는 경우도 있다.

## 온대저기압의 특징

태풍은 폭풍 지역과 강풍 지역, 강우 지역이 중심 가까이에 가득 몰려있다. 온대저기압의 강수량과 풍속은 일반적으로 태풍과 비교할 만큼 강력하지 않지만, 범위가 훨씬 넓은 것이 특징이다.

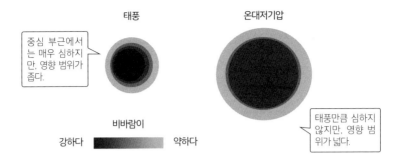

**비바람의 분포**

이러한 이유로 태풍이 온대저기압으로 변하면 **폭풍이나 폭우를 경계해야 하는 범위가 오히려 넓어진다**고 생각하는 편이 좋다.

또한 태풍의 크기가 크지 않더라도 중고위도에 도착 후 온대저기압으로 변하기 직전에 대형이나 초대형 태풍으로 급격하게 발달하는 사례도 있기 때문에 방심은 금물이다.

# 38

## 태풍은 어떤 피해를 일으킬까?

태풍으로 인한 피해는 다양하다. 비나 바람 이외에도 해일, 파도, 염해, 푄 현상 등 여러 가지 피해를 초래한다.

## 태풍의 습한 바람이 큰비를 내린다

지금까지 설명한 것처럼 태풍은 적란운이 발달하여 대규모 집단을 이룬 것이기 때문에 가까이 다가올수록 당연히 큰비나 폭우가 내린다.

출처: 일본 기상청 '일기도', 가공: 국립정보학연구소 '디지털 태풍'

도카이 호우[1]는 일본 남쪽 끝에 있는 오키나와 남동쪽 부근에 접근한 14호 태풍 사오마이의 습하고 뜨거운 바람의 영향으로 내렸다.

**도카이 호우의 일기도(2000년 9월 11일)**

1  '도카이 호우'는 2000년 9월에 나고야 주변에서 쏟아진 집중호우를 말한다. 1시간 동안 나고야시에서 97mm(총 강우량 567mm), 도카이시에서 114mm(총 강우량 589mm)라는 기록적인 강우량을 관측했다.

또한 태풍은 적도 부근의 고온다습한 공기 덩어리라고도 할 수 있다. 때문에 태풍의 습한 바람이 주변 구름으로 유입되면, **태풍을 둘러싼 적란운의 직접적인 영향을 받지 않아도 집중호우가 쏟아지는 경우가 종종 있다.**

## 해일·높은 파도·너울

태풍은 중심기압이 매우 낮기 때문에 폭풍이나 해일을 일으킨다.

해일이란 기압이 낮아지면서 해수면을 누르던 공기의 힘이 줄어들게 되어 해수면이 끌려 올라가는 현상이다. 심한 경우에는 방파제를 넘어 육지로 바닷물이 넘쳐 침수 피해 등을 일으킨다. 피해 상황은 쓰나미(지진해일)와 비슷하다.

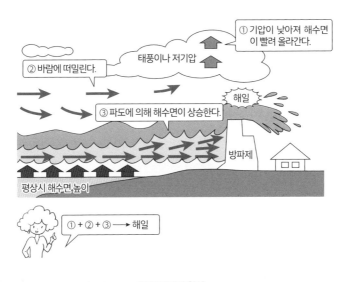

해일의 발생 원리

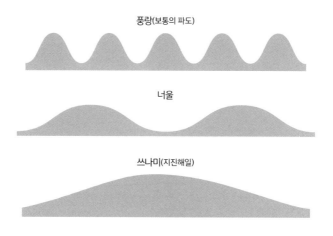

풍랑(보통의 파도)

너울

쓰나미(지진해일)

**파도의 다양한 파장**

태풍은 폭풍으로 발생하는 높은 파도, 너울도 동반한다.

**너울**이란 태풍이 멀리 있을 때부터 밀려오는 독특한 파도다. 일반적인 파도(풍랑)와 비교하면 파장이 긴 것이 특징으로, 종종 해수욕을 즐기던 사람들이 수난 사고를 당하는 원인이 되기도 한다.

일본에는 '오봉이 지나고 바다에 들어가면 저세상에 발목 잡힌다'는 말이 있는데, 이것은 오봉(일본의 최대 명절, 양력 8월 15일)을 지난 시기는 일본 남쪽 바다에 태풍이 발생할 확률이 높아지는 때라서, 부주의하게 해수욕을 즐기다가 너울이 밀려와 사고를 당할 수 있다는 의미라고 생각한다.

## 그 밖에도 다양한 태풍의 영향

이번에는 조금 특이한 태풍의 영향을 소개하겠다.

2018년 간토 지방의 해안 지역에서는 대규모의 **염해**가 발생했다. 태풍 짜미가 일본 남쪽 내륙 지역을 관통하여 바다의 염분이 내륙까지 밀려와 흩어졌고, 작물이 잇따라 말라버리는 피해를 입었다.[2]

또한 송전선에 염분이 달라붙은 탓에 원래 절연되었던 곳에도 전류가 흐르기 쉬워져서 불꽃이 튀거나 화재가 발생한 사례도 있었다.[3]

폭풍이 **푄 현상**을 일으켜 이상고온 현상이 나타나는 경우도 있다. 1991년 9월 28일, 도야마현 도마리에서는 동해를 통과 중이던 태풍 미어리얼에 의해 푄 현상이 일어나, 심야에 무려 36.5℃의 기온을 기록했다. 9월 말 한밤중에 갑자기 관측된 기록이라서 당시에는 화제가 되었다.

이렇듯 태풍은 다양한 기상 현상을 일으키며, 때로는 우리 생활에 잊을 수 없는 피해를 가져오기도 한다.

---

2   모래사장에서 자라는 일부 종류를 제외하고, 대부분의 식물은 염화나트륨에 매우 약하다.
3   담수와 달리 식염수는 전기를 통과시킨다.

# 기상재해 대비 방법

## 주의보, 경보, 특별경보의 차이

현재 일본에서는 기상 변화가 나타날 때 3가지 예보가 전국에 발표된다.

기준은 지역마다 달라서 10cm의 적설량으로 대설경보가 발표되는 지역도 있고, 50cm의 적설량이 예상되어도 경보를 내리지 않는 지역도 있다.

빈도 역시 지역에 따라 크게 차이가 있다. 겨울철 태평양 쪽 지역은 항상 건조주의보 발령 상태이고, 동해 지역은 천둥번개주의보나 대설주의보가 매일 발표된다.

도쿄에 폭풍설경보가 발표되는 경우는 드물고, 융설주의보는 한 번도 발표된 적이 없다. 주의보, 경보, 특별경보의 차이를 살펴보자.

## 주의보

기상재해가 일어날 우려가 있는 경우 발표한다. '기상재해에 주의하세요' 정도의 수준이다. 주의보에는 풍설, 강풍, 호우, 홍수, 대설, 천둥·번개, 건조, 짙은 안개, 서리, 눈사태, 해일, 풍랑, 저온, 착설, 착빙, 융설이 있다.

## 경보

중대한 기상재해가 일어날 우려가 있을 때 이 사실을 경고하고자 발표한다. '기상재해에 충분히 대비하세요' 정도의 느낌이며, 발표되면 언론에서는 자막 등으로 알린다. 경보에는 폭풍, 폭풍설, 호우, 홍수, 대설, 해일, 풍랑 경보가 있다.

## 특별경보

일본에서는 특별경보를 2013년 8월 30일부터 개시했다. 수십 년에 한 번 일어나는 비상사태로 막대한 기상재해를 일으킬 우려가 매우 높은 경우에 발령한다. 특별경보는 '목숨이 위험합니다!'의 느낌으로 이해하면 된다. 특별경보에는 폭풍, 폭풍설, 호우, 홍수, 대설, 해일, 풍랑 경보가 있다.

이 중에서 대설특별경보는 지금껏 한 번도 발표된 적이 없다. 2014년의 간토·고신 지역의 폭설이나 2018년의 대한파 때도 발표되지 않았다. 심각한 폭설피해가 있었던 38호설[1] 수준의 눈이 내려도 대설특별경보를 내리지 않았던 점을 볼 때 특별경보의 기준 자체를 다시 생각할 필요가 있는 것 같다.

## 피난준비, 피난권고, 피난지시의 차이

일본에서는 재해가 발생할 우려가 있는 경우 지자체에서 시민에게 피난준비(노약자 피난개시), 피난권고, 피난지시(긴급)를 발령한다. 자세히 살펴보자. 인적 피해가 일어날 가능성은 피난준비 < 피난권고 < 피난지시(긴급) 순서로 높아진다.

### 피난준비(노약자 피난개시)

경계 레벨 3. 노인, 몸이 불편한 사람, 어린이 등 피난에 시간이 걸리는 사람과 보호자는 피난을 개시한다. 해당하지 않는 사람은 피난을 준비한다.

### 피난권고

경계 레벨 4. 신속하게 안전한 장소로 대피한다. 인적 피해가 발생할 위험성이 분명하게 높아진 상황에 발령된다.

### 피난지시(긴급)

경계 레벨 4. 신속하게 안전한 곳으로 대피한다. 인적 피해가 발생할 위험성이 매우 높다고 판단될 때, 혹은 이미 인적 피해가 발생한 상황일 때 발령된다.

--------

1  38호설은 1963년에 일본 전역을 덮친 폭설을 말한다. 제2차 세계대전 이후 일본의 눈피해를 대표하는 호설로 기록되었다. 북쪽 내륙에서는 평야 지대의 적설량도 300cm를 넘는 등 폭설로 인해 고립된 마을이 속출했다. 주택피해도 막대했다.

# 제 5 장

# 기상재해와 이상기후

## 39

# 왜 게릴라성 호우가 점점 자주 내릴까?

게릴라성 호우란 갑자기 내리는 강한 비와 뇌우를 말한다. 방송에서 만든 용어로 정식 기상용어는 아니다.

## 수치 예보의 한계

최근 게릴라성 호우(뇌우)라는 단어가 자주 들린다. 집중호우의 일종으로 돌발적으로 나타나기 때문에 정확하게 예측하기 어려우며 국지적으로 강하게 내리는 비를 표현한 말이다.[1]

그런데 기상예보사와 예보관 중에는 게릴라성 호우나 게릴라성 뇌우라는 단어를 좋아하지 않는 사람도 있다. 제대로 된 근거를 이용해서 예보할 수 있으므로 '게릴라'가 아니라는 점 때문이다.

정보를 듣고 준비해야 하는 입장에서는 '오후에는 곳에 따라 천둥·번개를 동반한 비가 내리겠습니다'라는 대략적인 예보만으로 만족할 수 없는 법이다. 이 부분은 수치 예보[2]의 한계이며, 기상학계가 해결해야 할 과제라고 할 수 있다.

---

1 2008년 일본의 신조어&유행어 Top10 중 하나로 선정되었다.

2 수치 예보란 컴퓨터 계산을 통해서 미래의 대기 상태를 예측하는 방법이다. 기상청에서는 과학적 계산을 위한 슈퍼컴퓨터를 사용한다. 자세한 내용은 204쪽에서 다룬다.

## 사소한 현상도 계기가 된다

게릴라성 호우는 발달한 적란운이나 적란운 집단 때문에 내린다. 대기 상태가 매우 불안정하면 적란운은 짧은 기간에 굉장한 속도로 커진다. 멀리서 보면 마치 거대한 버섯이 자라는 광경을 빨리 감기 기능으로 보는 것 같다. 이러한 구름 아래에서는 몇십 분 전까지 맑은 하늘이었는데 갑자기 심하게 비가 퍼붓는 당황스러운 일도 생길 수 있다.

적란운이 급격하게 발달하려면 따뜻하고 습한 공기가 대량으로 존재해야 하고, 이 공기가 서로 충돌하는 등 어떤 계기를 통해 상승 기류가 생겨야 한다.

이 '계기'는 태풍과 전선 등 알기 쉬운 현상에 국한되지 않는다. 빌딩에 부딪힌 바람처럼 놀라울 정도로 사소한 일이 계기가 되는 경우가 적지 않다.

출처: 저자

**게릴라성 호우를 일으킨 적란운**

어떤 계기든 대단한 자연의 힘이 필요한 것은 확실하며, 발전한 현대의 과학 기술로도 인위적으로 비를 내리게 하기는 어렵다.[3]

## 선상강우대

게릴라성 호우에도 몇 가지 유형이 있는데, 최근 일본에서는 **선상강우대**에 의한 사례가 주목받고 있다. 선상강우대는 강수 지역이 선 모양으로 좁은 띠를 이루고 있는 경우를 말한다. 적란운이 정렬한 모습이 빽빽하게 늘어선 빌딩숲처럼 보여서 '백 빌딩 현상'이라고도 불린다.

적란운 하나의 수명은 1시간 정도지만, 선상강우대에서는 다수의 적란운이 나란히 줄지어 같은 장소를 차례대로 통과하므로 엄청난 양의 비가 내리게 된다.

구름을 발달 시키는 상승 기류

적란운을 움직이는 바람

습하고 따뜻한 바람

차갑게 불어내리는 바람

적란운에서 아래로 부는 차가운 바람과 습하고 따뜻한 바람이 부딪쳐서 새로운 적란운이 차례로 만들어진다.

**백 빌딩 현상**

3  원자폭탄은 적란운을 인위적으로 일으킨 사례다. 히로시마에 원폭이 투하되자 거대한 버섯 구름이 치솟았고, 버섯구름이 금세 적란운이 되어 '검은 비'를 뿌린 사실은 유명하다. 또한 한신·아와지대지진으로 대화재가 발생했을 때도 국지적으로 적란운이 생겼다.

선상강우대는 습하고 따뜻한 바람과 적란운의 하강 기류 속 차가운 바람이 같은 장소에서 연속적으로 충돌하기 때문에 발생하며, 적란운이 다음 적란운을 낳는다고도 말할 수 있다.

2018년 서일본 호우[4], 2017년 규슈 북부 호우[5], 2005년 스기나미 호우[6]는 선상강우대 유형에 속하는 호우였다.

## 슈퍼셀

일본에서는 비교적 희귀하게 나타나는 현상 중에 슈퍼셀이 있다. 슈퍼셀은 하나의 적란운이 발달하고 세력을 유지하기에 이상적인 구조라서, 무서운 기세로 성장한 뒤 수명도 몇 시간이나 길어지는 적란운이다. 슈퍼셀은 수만 번이라고 할 만큼 대단한 낙뢰를 동반하기도 하고, 대형 우박을 떨어뜨리거나 회오리와 파괴적인 돌풍(다운버스트)을 일으키는 등 강수량 이외에도 상당히 광포한 기상 현상이 나타나는 점이 특징이다.

---

4  일본에서 부르는 정식 명칭은 '헤이세이 30년 7월 호우'다. 활발해진 장마전선의 영향으로 2018년 6월 28일부터 7월 8일에 걸쳐서 일본 서쪽을 중심으로 전국에 광범위한 호우가 내렸다. 태풍이 남긴 습하고 따뜻한 공기도 관계가 있었다. 규슈 북부 호우와 비교하면 적란운 자체의 높이는 훨씬 낮았지만, 광범위하게 내렸기 때문에 피해가 컸다(사망자 224명).

5  활발해진 장마전선에 의해 2017년 7월 5일부터 6일에 걸쳐서 후쿠오카현, 오이타현, 사가현 등에서 발생한 집중호우를 말한다. 후쿠오카현 아사쿠라시에서 1시간에 129.5mm, 1일 강우량 516mm 등을 기록했다. 높이 15km를 넘을 정도로 극적으로 발달한 적란운이 원인이었다(사망자 40명).

6  2005년 9월 4일 도쿄 23구에서 서쪽 지역을 중심으로 발생한 집중호우를 말한다. 도쿄도의 7관측소에서 1시간당 100mm 이상의 맹렬한 비가 관측되었다. 젠푸쿠지강과 묘쇼지강 등 8개 하천이 범람했고, 스기나미구나 나카노구를 중심으로 5,000채 이상 침수피해가 발생했다. 현재는 '젠푸쿠지강 조정지'를 지하에 설치하는 등 대책이 마련되고 있다.

1999년 7월 21일 네리마 호우(도쿄도 우량계에서 1시간에 131mm를 기록)나 2000년 7월 4일 도심에 우박과 함께 1시간 동안 82.5mm(신 키바에서는 104mm를 기록)의 비를 퍼부었던 뇌우가 슈퍼셀 유형이었 다고 생각된다.

## 열섬 현상

최근 도시화로 나타나는 열섬 현상도 게릴라성 호우의 원인으로 주 목받고 있다.

냉방 시설의 보급과 도로의 아스팔트 포장, 인구 과밀 등으로 도시 지역에 열이 고여서 야간이 되어도 기온이 내려가지 않는 현상을 말 한다.

응축된 열과 수증기가 적란운의 씨앗이 되어 갑자기 폭발적으로 발달하는 경우가 많아진 탓에 도심에 게릴라성 호우가 빈발하게 되 었다고도 할 수 있다.

## 40

# 회오리바람은 어떻게 생길까?

회오리바람은 자주 일어나지 않는 기상 현상이지만, 한 번 발생하면 인명피해까지 초래하는 위험한 현상이다. 그 특성과 주의 사항을 살펴보자.

### 회오리바람의 강도를 나타내는 후지타 등급

회오리바람은 보기 드문 기상 현상이다. 평생 한 번도 목격한 적이 없는 사람이 훨씬 많을 것이다. 하지만 일단 마주치면 큰 피해를 면하기 어렵다.

예를 들어 1990년에 일본 지바현의 모바라시를 휩쓴 회오리바람은 당시 처참한 흔적을 남겼다.[1] 회오리바람의 강도는 F(후지타 등급)로 표시하는데, 일본에서는 F4 이상의 강도로 발생한 사례는 없다. 강력했던 모바라 회오리조차 F3에 불과하다.

F3, F4, F5의 회오리바람을 맞닥뜨리면 어떻게 해야 할지 상상만으로도 소름이 돋는다.[2]

---

1 1990년 12월 11일 19시 13분경에 지바현 모바라시에서 발생한 회오리바람은 약 7분 만에 시의 중심부를 종단했고, 최대 폭 약 1.2km, 길이 약 6.5km에 미치는 범위에 심각한 피해를 일으켰다. 사망자 1명, 피해가옥은 243채 발생했다.

2 일본에서는 무서운 자연재해라고 하면 제일 먼저 지진을 떠올린다. 하지만 미국 등지에서는 회오리바람(토네이도)을 떠올리는 사람이 많으며, 회오리바람과 관련된 보험이나 지하대피소를 마련하기도 한다.

**후지타 등급**

| 단계 | 추정되는 피해 |
|:---:|---|
| F0 | 풍속 17~32m/s(약 15초간의 평균): 굴뚝이 꺾이고, 작은 나무가 부러지며, 도로 표지판이 휜다. 뿌리가 얕은 나무는 기울어진다. |
| F1 | 풍속 33~49m/s(약 10초간의 평균): 지붕이 날아다니고, 유리가 깨진다. 자동차가 움직인다. |
| F2 | 풍속 50~69m/s(약 7초간의 평균): 집 외벽이 뜯기고 날아다니며, 차가 굴러간다. 큰 나무가 꺾여 부러진다. 전차가 탈선한다. |
| F3 | 풍속 70~92m/s(약 5초간의 평균): 집이 무너진다. 철근구조물이어도 무너진다. 빈집이 조각나고 흩어져 날아다닌다. 자동차도 날아간다. |
| F4 | 풍속 93~116m/s(약 4초간의 평균): 집이 산산조각난다. 노면 전차도 날아간다. 1톤 이상의 무게를 가진 물건이 하늘에서 떨어진다. 믿을 수 없는 일이 일어난다. |
| F5 | 풍속 117~142m/s(약 3초간의 평균): 건물은 토대만 남고 흔적도 없이 사라진다. 전차나 자동차가 하늘 높이 날아다닌다. |

## 회오리바람이 생기는 원리

무시무시한 회오리바람은 어떤 원리로 발생할까?

회오리바람도 적란운과 함께 발생한다. 적란운에서 비롯되지 않는 회오리바람은 **선풍**이라고 불리며, 적란운의 회오리바람과 비교해서 풍속이 매우 느린 것이 일반적이다. 회오리바람이 일어나는 원리는 주로 다음 2가지로 여겨진다.

첫 번째는 어떤 원인으로 **상공의 적란운 속에 공기가 옅은 부분이 형성되어**, 그곳을 채우기 위해 지상의 공기가 엄청난 기세로 상공으로 빨려 올라가는 것이다. 그 공기가 소용돌이를 만들기 시작하면서 회오리바람이 형성된다. 하늘에서 거대한 청소기가 내려온 장면을 떠올리면 이해하는 데 도움이 될 듯하다.

두 번째는 지상 가까이에서 바람이 회전하고 있는 곳(이것을 메조사이클론이라고 한다)에 상승 기류가 겹칠 때, 바람이 회전할 때마다 상공으로 끌려 올라가는 것이다. 끌려 올라가면서 회전의 반경은 좁아지고, 풍속이 커져서 결국 회오리바람이 된다. 피겨스케이팅에서 팔을 가슴에 모으고 회전하면 더 빨라지는 것과 같은 원리다. 회오리바람에 대한 주의 정보를 발표할 때는 메조사이클론을 도플러 레이더라는 특수한 장비로 탐지한다.

## 회오리바람의 주의 사항

회오리는 적란운에 동반하여 발생하기 때문에 태풍, 강한 저기압, 한랭전선, 여름철 뇌우 등이 함께할 때는 주의가 필요하다. 특히 태풍이 접근할 때는 태풍의 북동쪽에서 발생한 적란운을 주의해야 하는데, 여러 개의 회오리바람을 동시다발적으로 만들 수 있기 때문이다.

**태풍의 북동쪽은 주의한다**

일본 기상청은 회오리바람 등의 예상 발생 시점의 1시간 전에 회오리바람주의정보를 발표하는데, 이 정보가 발표되어도 실제로 회오리바람 등이 일어나는 경우는 7~14% 정도다. 얼마나 예보가 어려운지 실감되는 부분이다.

앞서 설명한 것처럼 일본에서는 회오리바람이 주로 태풍에 동반되어 나타나기 때문에 가장 자주 발생하는 시기는 9월이다.

발생 장소는 지면과의 마찰이 적은 해안이나 해상, 평야 지대가 많고 내륙에서는 드물다.

일본에서는 연평균 17개 정도(1991~2006년 통계)의 회오리바람이 발생하는데, 미국에서 약 1,300개(2004~2006년 통계)의 회오리바람이 발생하는 것에 비교하면 훨씬 적은 숫자다. 하지만 단위면적으로 환산하면 일본의 회오리바람 발생 숫자는 미국의 약 3분의 1이라서 아주 적다고 할 수도 없다.

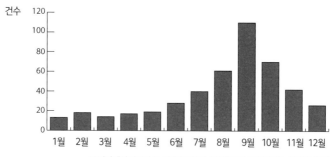

※ 바다에서 발생한 후 상륙하지 않은 사례(이른바 해상회오리)는 제외한 집계

출처: 일본 기상청 홈페이지

**일본 회오리바람의 월별 발생 수(1991~2017년)**

미국에서 강렬한 회오리가 많이 발생하는 이유는 대평원이 많아서 지면의 요철에 의한 마찰이 적기 때문이라고 여겨진다.

## 회오리바람주의정보

일본 기상청에서는 회오리바람과 다운버스트의 영향으로 심한 돌풍이 예측될 때 경계 및 대비 상황을 알리기 위하여 2008년부터 회오리바람주의정보를 발표하고 있다.[3]

회오리바람주의정보가 발표되면 우선 하늘을 보면서 발달한 적란운이 다가오는지 확인하자. 구체적으로는 먹구름이 가까워져서 주위가 갑자기 어두워졌는지, 천둥소리가 들리는지, 번개가 보이는지, 차가운 바람이 불어오는지, 굵은 빗방울과 우박이 내리는지 등 주변 상황을 살펴봐야 한다.

**단계적으로 발표되는 회오리바람주의정보**

| 시기 | 정보 발표의 내용 |
| --- | --- |
| 반나절~하루 전 | 기상정보 발표. '회오리바람 등 심한 돌풍이 우려됨'이라고 표시한다. |
| 몇 시간 전 | 천둥번개주의보 발표. 낙뢰, 우박 등과 함께 회오리바람도 표시한다. |
| 0~1시간 전 | 회오리바람주의정보 발표. 회오리바람이 발생하기 쉬운 기상정보를 알린다. |
| 상시 (10분 간격) | '회오리바람 발생 정확도 나우 캐스트'를 상시 발표. 회오리바람 등 돌풍이 발생할 가능성을 2단계의 정확도로 표시한다. |

일본의 정부 홍보 온라인을 토대로 작성

---

3 천둥번개주의보를 보충하는 '주의정보'이며, 회오리바람주의정보만 단독으로 발표되는 일은 없다.

## 회오리바람을 만나면

회오리바람의 피해를 막기 위해서는 먼저 적란운이 발생하여 접근하는 조짐을 느끼면 즉시 신속하게 안전한 건물로 몸을 피하는 것이 중요하다.

그리고 건물에 회오리바람이 접근해온다면 창문에서 멀리 떨어지고, 지진이 일어났을 때와 마찬가지로 책상 아래에 몸을 숨기는 것이 좋다.

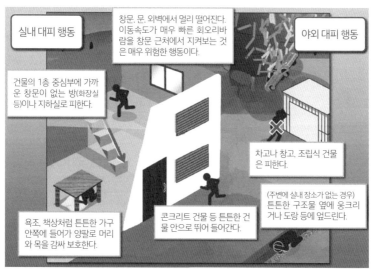

출처: 일본 내각부, 기상청 '회오리바람으로부터 몸을 지키자'

회오리바람 접근 시 대피 행동

회오리바람은
전국적으로 발생한다.

1991~2015년
출처: 일본 기상청 홈페이지

**회오리바람 발생 분포도**

【최근 일본의 회오리바람 피해 사례】

- 이바라키현 조소시~쓰쿠바시: 2012년 5월 6일, 강한 적란운에 동반하여 발생했다. 약 1,250채의 건물이 손괴되는 재산피해를 남겼다. 도치기현에서도 약 860채의 건물이 손괴되었다. 중학교 남학생이 사망하는 인명피해도 있었다. 후지타 등급은 F3이다.
- 홋카이도 사로마정: 2006년 11월 7일, 한랭전선 통과에 따라 발생했다. 지금까지 회오리바람 발생 사례가 적었던 홋카이도 오호츠크해 쪽에서 발생했으며, 이로 인해 9명이 사망했다. 후지타 등급은 F3이다. 후지타 등급을 개발하는 계기가 되었다.
- 지바현 모바라시: 1990년 12월 11일, 강한 저기압의 영향으로 뇌우와 함께 발생했다. 피해 규모가 놀라울 정도로 컸으며, 10톤 덤프트럭도 전복될 정도로 강력했다. 후지타 등급은 F3이다.

## 41

# 돌풍은 회오리바람과 무엇이 다를까?

적란운의 강한 상승 기류에 의해 일어나는 회오리바람과 달리, 적란운에서 아래로 부는 강한 하강 기류가 원인인 바람이 있다. 이른바 돌풍이다.

### 매우 강한 태풍급의 바람

회오리바람과 매우 비슷한 현상으로 **돌풍**이 있다. 앞서 회오리바람주의정보에 대해서 설명할 때 회오리바람 등이 발생한다고 했다. 회오리바람주의정보에는 순수한 회오리바람 이외에 돌풍 가능성도 포함된다. 돌풍은 대체 무엇일까?

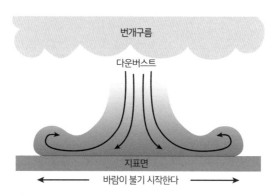

바람의 범위는 수백 m에서 10km 정도로, 피해 지역은 원형이나 타원형 형태로 발생하고 면적이 넓은 특징이 있다.

다운버스트

적란운에 동반되어 부는 국지적이며 파괴적인 돌풍은 **다운버스트**라고 불린다.

다운버스트는 이름처럼 적란운의 중앙에서 공기가 쿵 하고 힘차게 낙하하여 지면을 내리치고 사방팔방으로 퍼지면서 돌풍이 되며, 그 영향으로 피해가 생긴다.[1] 풍속은 초속 50m를 넘는 경우도 있어서, 매우 강한 태풍급이라고도 할 수 있다. 이것이 적란운과 함께 나타나는 돌풍의 정체다.

## 공기 덩어리가 낙하하는 이유

왜 적란운의 중심부에서 순간적으로 빠르게 공기 덩어리가 떨어질까? 공기는 따뜻하면 가볍고, 차가우면 밀도가 높아져서 무거워진다. 즉, 적란운 속에 매우 차가운 공기 덩어리가 생기는 것이 낙하의 원인이다.

다운버스트가 지면에 부딪힌 후 퍼져나갈 때 맨 앞의 경계 부분을 **돌풍전선**이라고 부른다.[2] 돌풍전선은

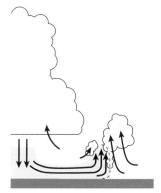

돌풍전선이 마치 한랭전선처럼 새로운 적란운을 만든다.

**돌풍전선**

---

1 적란운 속에 건조한 공기가 존재하면, 물방울이나 빙정이 활발하게 증발하면서 기화열을 빼앗는다. 이런 과정을 반복하며 매우 차가운(무거운) 공기 덩어리가 생기면 강하게 지면으로 떨어진다.

2 돌풍전선은 거스트 프런트(gust front)라고 부르기도 한다.

한랭전선처럼 활동하며, 종종 상승 기류를 만들어 새로운 적란운을 발생시키는 씨앗이 된다.

다운버스트는 소리가 없다. 굉장히 조용하다고 생각하며 밖을 보았더니, 주변 건물이 납작해져 있었다는 목격담도 있다.

## 42

# 더운 날 우박이 내리는 이유는 무엇일까?

초여름이나 한여름의 더운 날에 천둥과 함께 몰려와 갑자기 쏟아지기도 하는 것이 우박이다. 눈 앞이 새하얗게 될 만큼 심한 경우도 있어서, 가끔 우박용 보호막이 필요해질 때도 있다.

### 우박과 싸라기눈

**우박**은 지름이 5mm 이상인 얼음 덩어리를 말한다. 지름이 5mm보다 작으면 **싸라기눈**으로 구분한다.

거센 뇌우에 동반된 현상이기 때문에 **초여름부터 초가을에 걸친 시기**에 가장 많이 내린다. 간토 북쪽에서 고신 지방의 산기슭(난후기)까지, 호쿠리쿠 지방에서 도호쿠 지방의 동해 쪽(한후기)까지의 범위에서 비교적 많이 볼 수 있다.[1]

우박이 내리는 시간은 짧아서 **10분 이내**인 경우가 대부분이다. 게다가 매우 국지적으로 내리기 때문에, 1km 차이로 피해 상황이 완전히 달라지기도 한다.

짧은 시간 안에 끝나긴 하지만, 우박

출처: 셔터스톡

**실제 우박의 크기**

---

1  간토·고신 지역만 집중하여 살펴보니 5월 하순과 7월 하순에 2회, 정점을 찍는 시기가 있다는 사실을 알게 되었다.

의 범인도 역시 적란운이다. 가끔 무서운 기세로 쏟아져서 눈 깜빡할 사이에 수십 cm 이상 쌓이는 경우도 있으므로 만만하게 생각하면 안 된다.

## 우박은 어떻게 생길까?

더운 여름날에 얼음 덩어리가 하늘에서 떨어지는 현상은 무척 신기하다. 어떤 책에서는 '여름보다 기온이 낮은 봄이나 가을에 많이 발생한다'고 설명하기도 하지만, 최근 간토 지역에서는 한여름에도 인정사정없이 내리는 분위기다. 이유가 무엇일까?

구름이 생기는 원리를 떠올려보자. 구름은 상승 기류에서 발생하고 발달한다. 충분히 성장한 구름의 입자가 커지면 비가 되어 땅으로 떨어진다. 하지만 상승 기류가 강해지면 어떻게 될까?

낙하하던 도중에 강한 상승 기류를 만나면 비는 다시 하늘 높이 떠오른다. 상공의 높은 곳은 기온이 매우 낮아서 여름에도 -30~-60℃ 정도다. 급격히 냉각된 비는 다시 얼어서 싸라기눈이 된다. 이 싸라기눈은 또 한 번 낙하하면서 구름 속의 과냉각수 등을 얼어붙게 하며 커진다.

이 낙하와 상승을 여러 번 반복하는 사이에 강력한 상승 기류도 버티지 못할 만큼 큰 우박이 되면 땅으로 떨어진다.

즉, 우박이 내릴 때는 맹렬한 상승 기류가 있다고 할 수 있다. 여름에 우박이 거센 뇌우와 함께 내리는 것은 이 때문이다.

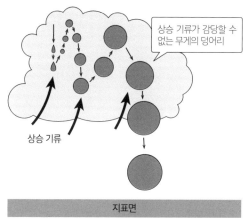

상승 기류가 감당할 수 없는 무게의 덩어리

상승 기류

지표면

적란운 속에서 낙하와 상승을 반복하면서 커진다.

**우박이 내리는 원리**

【우박의 사례】

- 1917년 6월 29일: 사이타마현 구마가야시에서 지름이 29.5cm인 기록적인 크기의 우박이 내렸다. 놀랍게도 그중 큰 우박은 땅에 지름 51.5cm의 구멍을 남겼다고 한다. 지붕을 뚫고 실내에 떨어진 우박도 적지 않았다. 우박의 형태는 납작한 공 모양으로 주변이 안쪽으로 빨려 들어 마치 모란꽃 같았다고 한다.

- 2000년 5월 24일: 이바라키현 남부와 지바현 북부에 내린 우박으로, 일부는 귤 크기와 비슷했다. 부상자는 130명, 건축물 피해는 2만 9,000채 이상, 농작물 피해액이 660억 원 이상일 정도로 막대한 손해를 남겼다. 부상 원인의 대부분은 우박에 의한 타박상과 깨진 유리창에 베인 경우가 많았다. 그 밖에 문에 구멍이 나거나 전기계량기 케이스가 부서지는 등의 피해가 있었다.

- 2014년 6월 24일: 도쿄 미타카시 등에 강한 우박이 내렸다. 마치 큰 눈이 내린 것처럼 도로가 새하얗게 메워져, 차가 다닐 수 없을 정도였다.

# 43

## 푄 현상이란 무엇일까?

평소에 기온이 높지 않을 것 같은 북쪽 내륙의 동해 지역이나 홋카이도 등지에서 드물게 전국 최고기온을 기록하는 경우가 있다. 이러한 이상고온은 푄 현상에 의해 나타난다.

### 5월에 홋카이도에서 39.5℃가 관측된 이유

2019년 5월 26일 홋카이도의 내륙 지역인 사로마정에서 39.5℃, 오비히로시에서 38.8℃ 등 이상하리만큼 높은 고온이 관측되었다. 한여름도 아닌 시기에 홋카이도에서 40℃에 육박하는 기온이 관측되는 것은 매우 이례적인 일이다.

이러한 현상은 맑은 날씨와 상공에 따뜻한 공기가 부는 조건이 만나 푄 현상이 일어난 것이 큰 원인이다.

어느 계절이든 어느 지역에서든 **이상고온이 관측될 때는 거의 푄 현상이 나타난다**. 푄 현상은 대체 무엇일까?

### 산을 넘으면 기온이 올라간다

푄 현상은 산을 넘으면 기온이 올라가는 이상한 현상이다. 예를 들면, 산 위쪽에서 20℃였던 바람이 산을 넘어 사면을 타고 내려오면 26℃로 기온이 올라있다. 왜 이런 현상이 나타날까?

공기가 상승 기류를 타고 하늘로 올라가면 100m마다 약 0.6℃씩 기온이 내려가고, 하강 기류에 끌려 내려오면 마찬가지로 약 0.6℃씩 올라간다. 0.6℃라는 온도는 대략 정해진 수치일 뿐 실제로는 0.5℃일 때도 있고, 1℃씩 변화하는 경우도 있다. 그 차이는 응결[1] 여부, 즉 구름이 생기는지에 달려 있다.

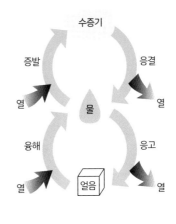

**물의 상태 변화**

상승 기류가 구름을 생성하면서 산을 타고 올라가면 비를 뿌리면서 응결열[2]이 방출되어 주변 공기를 데우기 때문에 기온이 내려가는 양상이 둔해져서, 100m마다 0.5℃밖에 내려가지 않는다. 하지만 **구름이 없는 맑은 날에 바람이 산을 넘어 내려가면 100m마다 1℃씩 온도가 변화한다.**

## 기온이 올라가는 원리

맑은 날씨이며 지표 기온이 20℃일 때, 800m에서 응결된 공기가 2,000m 산을 넘으면 어떻게 될지 생각해보자.

800m에서 응결했다는 것은 그 높이에 도달할 때까지는 구름 없이 맑았다는 의미이므로 100m마다 1℃씩 온도가 내려간다. 즉,

---

1 응결이란 기체가 액체로 변하는 현상(수증기가 액체인 물이 되는 것)이다.
2 물은 기체가 될 때는 열을 뺏기고, 액체로 돌아갈 때는 열을 방출한다. 이 배출되는 열이 응결열이다.

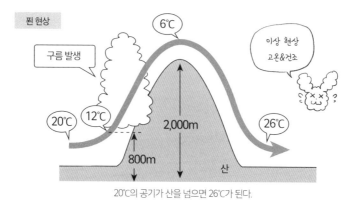

**푄 현상**

구름 발생

6℃

이상 현상
고온&건조

20℃

12℃

2,000m

26℃

800m

산

20℃의 공기가 산을 넘으면 26℃가 된다.

**유사 푄 현상**

6℃

덥다

구름 없음

2,000m

26℃

산

산을 타고 내려가면서 온도가 상승한다.

유사 푄 현상은 상태 변화(수증기→물, 물→수증기 등)가 일어나지 않으며, 산을 오를 때 구름이 생기지 않는 건조한 푄 현상이다. 산맥효과라고도 한다.

**푄 현상의 원리**

800m 높이까지는 12℃(20-8)로 기온이 떨어진다. 그 후 나머지 1,200m 구간은 100m마다 0.5℃씩 온도가 내려가므로 최종적으로 2,000m에서는 6℃(12-(0.5×12))가 된다.

산꼭대기를 넘으면 하강 기류가 불고 구름은 사라진다. 구름 없는 상태에서 내려오기 때문에 2,000m를 끝까지 내려오면 26℃(6+(1×

20))가 된다.

이것이 20℃이던 기온이 산 너머에서는 26℃가 되는 원리다.

2019년 5월 26일의 바람 방향을 살펴보면 사로마정과 오비히로시 모두 서쪽에서 바람이 불었고, 바람이 산을 타고 내려오듯이 불었던 것을 알 수 있다. 정확하게는 바람 위쪽에 구름이 형성되지 않는 유사 푄 현상이었던 것 같다.

【푄 현상과 관련된 여러 가지 기록】

• 1991년 9월 28일: 도야마현 도마리에서 한밤중에 갑자기 36.5℃의 기온이 관측되었다.

• 1993년 5월 13일: 사이타마현 지치부에서 37.2℃, 도쿄도 하치오지에서 37.1℃라는 5월 기온으로는 이례적인 기록을 남겼다.

• 2004년 4월 22일: 전국 각지에서 기록적인 고온이 관측되었다. 도쿄에서도 4월 기온의 사상 2위 기록인 28.9℃가 관측되었다.

• 2010년 2월 25일: 오사카 23.4℃, 홋카이도 우토로 15.8℃(관측 사상 2월의 최고기온), 아오모리 17.1℃(관측 사상 2월의 최고기온)가 관측되었다.

• 2013년 3월 10일: 간토 지역을 중심으로 7월 상순 정도의 따뜻한 날씨를 보였다(더운 날씨). 기온은 도쿄 네리마구 28.8℃, 도쿄 도심 25.3℃ 등을 기록했다.

• 2018년 7월 23일: 사이타마현 구마가야시에서 41.1℃라는 일본 사상 최고 기온이 관측되었다.

• 2019년 5월 26일: 홋카이도에서 사로마정 39.5℃, 오비히로시 38.8℃ 등을 기록했다.

## 44

# 여름이 점점 더워지고 있다?

최근 들어 여름에 열사병으로 쓰러지는 사람이 많아지고, 열대야로 잠 못 이루는 밤이 늘었다고
느끼는 사람이 꽤 많을 것이다. 진짜로 여름은 점점 더워지고 있는 것일까?

## 평균기온은 오르고 있다

요즘에는 에어컨 없는 여름을 상상하기 어려워졌다. 여름이 해가 갈
수록 더워진다고 느끼는 사람도 많을 것이다. 이와 관련한 일본 기상
청의 자료를 살펴보자.

도쿄의 1년 중 최고기온은 메이지 시대(1868~1912년)에는 33~34℃ 정
도로, 35℃를 넘는 폭염이 1년 중 하루도 없었던 경우도 많았다. 그런
데 헤이세이 시대(1989~2019년)에 들어서면 36~37℃ 정도가 평균으로, 실
제로 최고기온이 3℃ 정도 상승한 사실을 알 수 있다.[1]

## 3℃ 차이는 크다

특히 폭염인 날에는 3℃만 올라도 체감적인 더위가 엄청나게 커진다. 31℃
의 기온은 평범한 더운 날이지만, 34℃가 되면 땀이 멈추지 않고 부
채질을 해도 시원하기는커녕 오히려 몸이 뜨거워지는 느낌을 받는

---

1  정확하게 따지면 관측 지점의 이동 등 조건이 달라졌지만, 어느 정도 납득할 수 있는 범위의
   자료를 소개했다.

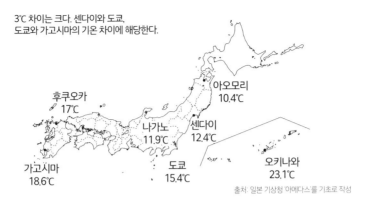

3℃ 차이는 크다. 센다이와 도쿄, 도쿄와 가고시마의 기온 차이에 해당한다.

후쿠오카
17℃

아오모리
10.4℃

나가노
11.9℃

센다이
12.4℃

가고시마
18.6℃

도쿄
15.4℃

오키나와
23.1℃

출처: 일본 기상청 '아메다스'를 기초로 작성

**각 도시의 평균기온**

다. 평균기온 3℃의 차이는 가고시마와 도쿄의 차이 정도라고 할 수 있다. 즉, **지금 도쿄의 여름은 예전 가고시마의 여름 수준으로 더워졌다고** 할 수 있다.

## 역대 최고기온이 깨졌다

일본의 최고기온을 눈여겨보자. 1933년 7월 25일에 야마가타현 야마가타시의 기록은 **40.8℃**였다. 이 기록은 최고기온으로서 74년간 깨진 적이 없었다.

그런데 2007년 8월 16일에 기후현 다지미시와 사이타마현 구마가야시에서 40.9℃를 기록했다. 이후 2013년 8월 12일에 고치현 시만토시 에카와사키에서 41℃, 2018년 7월 23일에 구마가야시에서 41.1℃를 기록하는 등 역대 최고기온을 갱신하기까지 기간이 점점 짧아지고 있다.

## 열사병 대책에 신경 써야 한다

기온은 그늘에서 어른 시선 정도 높이의 온도를 측정한다. 그래서 햇빛이나 지면 부근의 온도는 기온보다 훨씬 높다.

뙤약볕이 내리쬐는 한여름에는 아스팔트나 자동차가 마치 프라이팬처럼 달궈진다. 키가 작아서 지면과 더 가까운 어린아이와 애완동물은 열사병에 걸리지 않도록 더욱 세심하게 주의를 기울여야 한다.

열사병이란 열이 원인이 되어 발생하는 온열 질환이며 증상은 다양하다. 직사광선이 닿지 않는 실내에서도 일어나며 운동 부족이나 비만, 더위에 약한 사람은 열사병에 걸리기 쉬우므로 조심해야 한다.

현기증, 홍조, 나른함, 울렁거림 등이 대표적인 증상이며, 중증이 되면 의식을 잃거나 경련을 일으키기도 한다. 중증의 열사병에 걸리면 구급차를 부르고, 구급대원이 도착할 때까지 시원한 곳에서 목, 손목, 허벅지 등 두꺼운 혈관이 지나는 부분을 차갑게 하여 체온이 내려갈 수 있도록 적극적으로 대처하는 것이 좋다.

열사병의 예방법은 **수분 보충**과 **염분 보충**[2]이 기본이다. 갈증을 느끼는 단계라면 탈수 현상이 상당히 진행된 상태이기 때문에 특히 어린아이나 고령자, 동물 등은 부지런히 수분을 섭취해야 한다. 다만 커피나 맥주 등은 피해야 한다. 이뇨작용이 강해서 섭취한 것 이상으로 수분이 배출되기 때문이다.

---

2  땀을 핥으면 짠맛이 난다. 땀에는 염분이 녹아있기 때문에 땀을 흘리면 대량의 염분을 잃는 것이나 마찬가지다. 그러므로 염분 섭취 역시 잊지 않도록 신경 쓰는 것이 좋다.

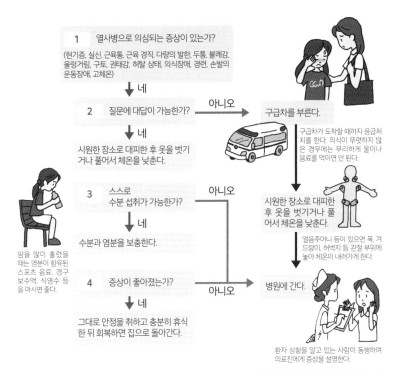

**1** 열사병으로 의심되는 증상이 있는가?

(현기증, 실신, 근육통, 근육 경직, 다량의 발한, 두통, 불쾌감, 울렁거림, 구토, 권태감, 허탈 상태, 의식장애, 경련, 손발의 운동장애, 고체온)

↓ 네

**2** 질문에 대답이 가능한가? —— 아니오 → 구급차를 부른다.

↓ 네

시원한 장소로 대피한 후 옷을 벗기거나 풀어서 체온을 낮춘다.

구급차가 도착할 때까지 응급처치를 한다. 의식이 뚜렷하지 않은 경우에는 무리하게 물이나 음료를 먹이면 안 된다.

↓

시원한 장소로 대피한 후 옷을 벗거나 풀어서 체온을 낮춘다.

얼음주머니 등이 있으면 목, 겨드랑이, 허벅지 등 관절 부위에 놓아 체온이 내려가게 한다.

땀을 많이 흘렸을 때는 염분이 함유된 스포츠 음료, 경구 보수액, 식염수 등을 마시면 좋다.

**3** 스스로 수분 섭취가 가능한가? —— 아니오

↓ 네

수분과 염분을 보충한다.

**4** 증상이 좋아졌는가? —— 아니오 → 병원에 간다.

↓ 네

그대로 안정을 취하고 충분히 휴식한 뒤 회복하면 집으로 돌아간다.

환자 상황을 알고 있는 사람이 동행하여 의료진에게 증상을 설명한다.

출처: 일본 환경성 '열사병 환경 보건 매뉴얼 2018'

### 열사병이 의심될 때 확인해야 할 사항

해마다 더워지는 느낌은 기분 탓이 아니었네···.

# 45

## 엘니뇨와 라니냐의 차이는?

지구는 표면적의 약 70%가 바다로 채워진 '물의 행성'이다. 그래서 바닷물의 온도 변화에 따라 기후가 크게 달라진다. 해수온도와 날씨의 관계를 살펴보자.

### 물의 행성, 지구

37쪽에서 '바다는 육지보다 데워지기도 어렵고 식기도 어렵다'고 설명했다. 지구에는 따뜻한 곳과 차가운 곳이 있지만, 넓은 바다 면적 덕분에 온도 변화가 느려서 기후가 안정되어 생명이 가득한 행성이 되었다고 할 수 있다.

하지만 해수면의 온도 분포가 조금이라도 달라지면, 거대한 고기압과 저기압의 분포도 바뀌게 된다. 그 결과 지구 전체의 기후가 변화하는 이상기후를 불러오게 된다. 대표적인 사례가 엘니뇨 현상과 라니냐 현상이다.

### 페루 바다의 해수온도와 날씨의 관계

엘니뇨 현상이란 남미 페루 바다의 해수온도가 평년보다 높아지는 현상이며, 반대로 라니냐 현상은 평년보다 낮아지는 현상이다.[1]

---

1 스페인어로 엘니뇨는 '소년', 라니냐는 '소녀'를 의미한다.

이 해역은 해저에서 냉수가 뿜어 오르는데(용승 현상), **냉수의 솟구치는 힘이 세지면 라니냐가 되고 약해지면 엘니뇨가 된다.** 해수온도가 평년보다 0.5℃ 이상인지, 이하인지를 기준으로 삼아 엘니뇨와 라니냐가 판정되는데, 거대한 규모로 나타날 때는 평년보다 5℃ 이상 변화하기도 한다.

어떤 현상이든 자세히 들여다보면 매번 특징이 다르지만, 일본은 대체적으로 **엘니뇨** 현상이 일어나면 서늘한 여름과 따뜻한 겨울이 되고, 라니냐 현상이 일어나면 여름에는 폭염이 찾아오고 겨울에는 한파에 시달린다고 알려져 있다.

여름은 서늘하고, 겨울은 따뜻해지기 쉽다.

여름은 무덥고, 겨울은 한파가 찾아오기 쉽다.

**엘니뇨와 라니냐 현상**

엘니뇨 때는 서태평양 열대 지역의 해수면 온도가 낮아지고 여름철 태평양 고기압의 세력이 약해지며(겨울은 서고동저의 기압 배치가 약해진다), 라니냐 때는 서태평양 열대 지역의 해수면 온도가 상승하고 여름철 태평양 고기압이 북쪽으로 뻗어나가기 쉬워진다(겨울은 서고동저의 기압 배치가 강해진다).[2]

## 쿠로시오해류가 사행하면 간토 지방에 대설이 내린다?

일본 열도 남쪽에는 **쿠로시오**(일본해류)라는 난류가 흐른다. 쿠로시오해류가 크게 구불거리며 흐르는 사행을 하면 일본 기후에 영향을 미치기도 한다.

쿠로시오해류가 사행할 때 앞서 설명한 간토 지역의 대설이 발생하기 쉬워지는 점이 눈길을 끈다. 또한 사행한 쿠로시오해류가 직격하는 기이반도나 도카이 지방에서는 해수면이 높아지는 해일이 일어나서 장기간에 걸쳐 해일주의보가 발효되는 경우도 있다.

쿠로시오해류는 영양 염류가 적어 플랑크톤이 많지 않기 때문에 바닷물이 매우 맑아 검게 보인다. 이러한 특징 때문에 검은 물결이라는 뜻의 이름이 붙었다. 쿠로시오해류가 흐르면 어패류의 생식지가 변화하고 수산업 등도 큰 영향을 받는다.

---

2  한파가 심했던 2018년 겨울, 폭염이었던 2010년과 2007년 여름은 라니냐 현상이 발생했다. 매우 따뜻한 겨울이었던 2019년과 서늘했던 2009년 여름에는 엘니뇨 현상이 발생했다.

## 쿠로시오해류가 사행했을 때 미치는 영향

일본의 바다는 약 3,700종의 물고기가 서식하는 세계에서도 가장 풍요로운 바다다. 풍요로운 바다를 만드는 요인 중 하나가 쿠로시오와 오야시오(지시마해류)라는 거대한 해류다.

그런데 쿠로시오해류가 사행하면 일본 앞바다를 흐르는 큰 조류가 달라지기 때문에 평소의 어획 장소에서 갑자기 물고기가 잡히지 않거나 못 보던 물고기가 잡히는 등 다양한 영향이 나타난다. 어장이 멀어지면 연료비가 더욱 많이 들고, 물고기 종류가 달라지면 어업법

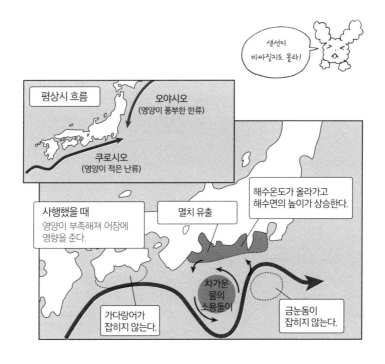

**쿠로시오의 사행과 그 영향**

도 다르게 적용되기 때문에 어업 관계자들에게는 웃어넘길 일이 아니다.[3]

쿠로시오해류가 사행해서 못 잡게 되는 물고기의 대표적인 예가 멸치다. 멸치의 어획 지점은 간토에서 도카이 지역의 해안에 펼쳐져 있다. 쿠로시오해류가 크게 사행하면서 시계 반대 방향으로 강한 해류가 발생하여 조그마한 멸치를 먼 바다로 흘려보내거나 영양분이 적은 쿠로시오해류가 밀려들어 먹이가 부족하게 되어 멸치 어획량은 감소하게 된다.

또한 높은 수온 때문에 해초가 사멸하거나, 가다랑어가 평소보다 남하하거나, 이즈제도의 하치조섬 근처 바다에서는 금눈돔의 어획량이 전년의 절반 이하로 떨어지는 피해를 입은 경우도 있다.

---

3 【참고 1】NHK 생활해설위원실 '쿠로시오해류의 사행이 생활에 미치는 영향(생활☆해설)' http://www.nhk.co.jp/kaisetsu-blog/700/279354.html.
　【참고 2】웨더뉴스 '지난해부터 이어지는 쿠로시오해류의 사행, 앞으로의 생활과 날씨에 미칠 영향은?' http://www.weathernews.jp/s/topics/201808/020165/.

# 46

## 지구온난화는 정말 진행되고 있을까?

최근 몇 년 동안 기온이 눈에 띄게 높아져서 기상이변이 많아졌다고 느끼는 사람이 적지 않을 것이다. 이러한 현재 상황이 온난화와 어떤 관계가 있는지 자세히 짚어보자.

## 온실가스

2018년 일본의 겨울은 전국적으로 굉장히 추웠다. 도쿄에서는 48년 만에 −4℃의 기온이 관측되었을 뿐만 아니라, 각지에서 대설이나 저온 현상이 두드러졌다. 이러한 현상을 겪고 나니 지구온난화가 정말 진행되고 있는 것인지 의문을 품게 된다.

좀 더 긴 기간을 살펴보자.

메이지 시대(1868~1912년)에 도쿄에서 최저기온이 0℃ 이하였던 날

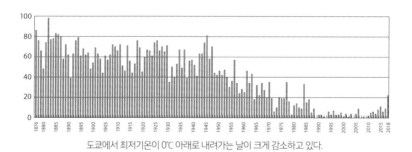

도쿄에서 최저기온이 0℃ 아래로 내려가는 날이 크게 감소하고 있다.

**도쿄의 영하 일수의 변화**

은 연간 며칠이나 있었는지 확인해보았다. 평균적으로 1년에 60~70일 정도, 많은 해에는 100일 정도였던 것을 알 수 있었다. 이와 비교하여 최근에는 1년에 고작 며칠 정도이며, 적은 해에는 0일인 경우도 있었다. 도쿄의 기록만 보아도 온난화가 꽤 심각하게 진행되고 있다는 것을 알 수 있을 것이다.

## 온난화의 원인

온난화의 원인에 대해서는 여러 가지 학설이 있다.

　그중 **이산화탄소 농도의 상승**은 온난화의 주범으로 지목된다. 이산화탄소와 메탄 등 온실가스는 대기 중의 열을 움켜쥐고 우주 공간으로 놓아주지 않는 성질이 있다. 이러한 가스는 복사냉각 현상을 방해해서, 지구를 마치 담요를 덮은 상태처럼 만든다.

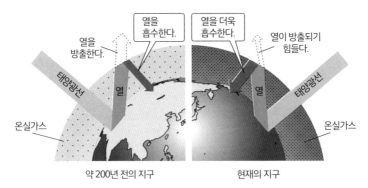

이산화탄소 농도가 높아지면 열이 우주 공간으로 방출되기 어려워져서 기온이 올라가게 된다.

**온실가스와 지구온난화**

이산화탄소 농도가 증가하는 이유가 진짜 인간의 생활 때문인지 반문하는 목소리도 있다. 하지만 산업혁명이나 인구폭발의 시기와 기온의 상승 시기가 일치하는 점으로 미루어 보아 우리 인간의 활동과 무관하지 않을 것이다.

## 온난화로 인한 변화

지구온난화가 진행되면 공기 중의 수증기량이 증가하기 때문에 호우가 내릴 가능성이 높아진다. 또한 해수온도가 상승함으로써 태풍이 발달하기 좋은 환경이 된다는 점도 우려된다. 북극과 남극의 빙하가 녹아서 해수면이 상승하여 수몰될 처지에 놓인 지역도 세계 각지에 있다.

온난화는 생물의 분포에도 영향을 미친다. 일본의 사례를 살펴보면, 1940년대에는 규슈와 야마구치현에만 분포했던 멤논제비나비[1]의 서식지가 북쪽으로 넓어져서, 2010년에는 간토 지방에서도 자연스럽게 볼 수 있게 되었다. 암끝검은표범나비[2]와 검은탈박각시[3]라는 나방도 같은 경향을 보인다.

---

1 호랑나비과의 나비로 수컷은 검은색, 암컷은 날개 부분이 빨간색이며 하얀색 무늬가 있다. 유충은 감귤류의 잎을 먹고 자라서 일본에서 '유자 벌레'라고도 불리는 종류에 속한다. 원래는 동남아시아나 인도네시아 등지에 넓게 서식하던 종류다. 일본에서는 서쪽에서 북쪽으로 서서히 서식지를 넓히고 있다.

2 네발나비과의 나비로 오렌지색 바탕에 검은 무늬로 장식한 듯한 화려한 날개를 가졌다. 유충은 원예가들에게 인기인 팬지 등을 먹고 자라며 빨간색과 검은색이 눈에 띄는 털벌레인데 위협적인 외모이지만 무해하다.

3 박각시나방과의 나방이다. 몸통 중앙에 해골 같은 무늬가 있어서 '인면 나방'으로도 유명하다. 유충은 가지, 감자, 담배 등을 먹으며, 몸길이가 10cm나 된다.

분포 지역이 해마다 북상하고 있다.

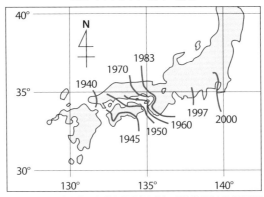

출처: 일본 지구환경연구센터 '나비 분포 지역 북상 현상과 온난화의 관계'

**멤논제비나비의 분포 지역**

문제는 나비 같은 예쁜 생물의 서식지만 확산하지 않는다는 사실이다. 이집트숲모기[4] 같은 해충도 분포지가 퍼져서 일본에서 뎅기열이나 말라리아가 대유행하는 날이 올지도 모른다.

벚꽃 개화 시기도 기온의 변화에 따라 앞당겨지고 있다. 일본에서 4월 1일까지 개화하는 곳은 1960년대에는 미우라반도부터 기이반도에 걸친 범위로 혼슈의 태평양 연안과 시코쿠, 규슈까지 포함되었지만, 2000년대에 들어선 후에는 간토, 도카이, 긴키, 주고쿠 지방까지 북상했다.

---

4  열대 지방에 서식한다. 일본의 '각다귀'와 마찬가지로 암컷은 알을 성숙시키기 위해서 포유류의 피를 흡혈한다. 뎅기열이나 황열병을 옮긴다고 알려져 있다.

2001~2010년의 4월 1일
왕벚나무 개화

1961~1970년의 4월 1일
왕벚나무 개화

출처: 일본 기상청 홈페이지

**왕벚나무의 개화 시기 변화**

## 태양 활동과 온난화의 상관관계

지구에 없어서는 안 될 존재인 태양도 활동이 활발해지거나 둔해진다. 태양 활동에 따라 지구에 쏟아지는 빛(복사에너지나 열에너지)도 변화한다. 태양의 활동이 활발하면 지구온난화에도 영향을 미칠 것 같은데, 실제로는 어떨까?

태양 활동이 얼마나 활발한지는 태양 표면의 **흑점**으로 알 수 있다. 활동이 활발할수록 흑점이 증가하기 때문에 흑점 숫자가 지구의 기온을 좌우한다고 해석한다.

20세기 중반 이후 흑점 숫자는 이전과 거의 비슷하거나 감소 경향을 보인다. 따라서 **태양 활동이 활발해진 상태라고 볼 수 없으므로 최근의 온난화와는 직접적인 관계가 없**다고 여겨진다.

특히 최근 십수 년 동안 태양은 100년에 한 번 있을 만한 일이라고 할 정도로 흑점 숫자가 적었기 때문에 오히려 한랭화가 걱정된다는 의견도 있다.

## 지금 지구는 빙하기?

놀랍게도 현재 지구는 빙하기다.

남극이나 그린란드에는 많은 빙하가 있고, 최근 일본에도 빙하가 존재한다는 사실이 인정되었다.[5] 이렇듯 **지구상에 빙하가 존재하는 시기를 빙하기라고 부른다.**

지구의 빙하기는 특히 추운 빙기와 비교적 온난한 간빙기가 주기적으로 반복되어 왔는데, 지금은 간빙기에 해당한다. 빙기와 빙하기가 혼동하기 쉬워서 종종 오해가 생긴다.

빙기와 간빙기의 주기는 밀란코비치 주기라고 하며, 이 순환체계는 지구의 자전과 공전 궤도의 주기적 변화에 기인한다.

빙기가 되면 1년의 평균기온이 5~10℃ 정도 내려간다.

**현재 지구는 약 3,500만 년 전에 시작된 비교적 기온이 낮은 빙하기의 한가운데에 있다.** 2만~10만 년 규모의 일사량 변동을 이론적으로 계산하면, 일사량 변화에 따라 빙기가 앞으로 3만 년 이내에 일어날 확률은 낮은 것 같다.[6]

---

5  도야마현의 북알프스(히다산맥)에서 발견된 얼음이 빙하일 가능성이 높다고 한다.
6  참고: 일본 국립관광연구소 지구환경연구센터 '이것이 궁금하다, 지구온난화 Q14 한랭기와 온난기의 반복'.

# 47

## 온난화가 대한파를 불러올까?

지구온난화에 큰 영향을 준다고 여겨지는 요인 중에 극지(북극이나 남극)의 변화가 있다. 일본의 기상은 북극의 기압 변화를 지배하는 북극진동의 영향을 받는다고 알려져 있다.

### 북극진동

북극이나 남극은 차가운 공기, 즉 한기의 집합소다.

이곳에 모인 한기는 일정 간격으로 중위도 방향(남쪽)으로 빠져나간다. 한기의 축적이나 방출은 극지의 기압에 의해 결정된다. 바람은 기압이 높은 곳에서 낮은 곳으로 불기 때문에, 극지의 기압이 낮으면 한기가 흘러들고 높으면 흘러나간다.

이 간격(주기)은 **북극진동(AO)**[1]과 관련이 있다. 북극진동이란 북극과 중위도(북위 40~60° 정도)의 지상 기압이 시소처럼 강약을 되풀이하는 것을 말한다.

북극 주변의 기압이 평년보다 내려가서 중위도의 기압이 올라가는 경우를 '북극진동(AO) 지수가 양(+)'이라고 하며, 반대로 북극 주변의 기압이 평년보다 올라가고 중위도의 기압이 내려가는 경우를 '북극진동(AO) 지수가 음(-)'이라고 한다.

---

1  AO는 Arctic Oscillation의 약자다.

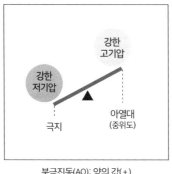
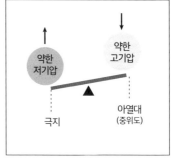

| 북극진동 | 시소처럼 멀리 떨어진 지역의 기압이 한 쌍이 되어 주기적인 변동을 반복한다. |

북극진동

## 북극진동과 편서풍

AO 지수가 양(+)의 값일 때는 편서풍이 **동서 흐름**(동쪽에서 서쪽으로 분다)이 되는 경향이 있고, 북극 주변에 한기가 축적된다. 한기가 북극 부근에 갇혀있는 모양새다.

반대로 AO 지수가 음(−)의 값이 되면 편서풍은 **남북 흐름**(북쪽에서 남쪽으로 분다)이 된다. 이때는 강한 한기가 종종 중위도로 남하해서, 일본은 대설 등이 내리기 쉬운 환경이 된다. 편서풍이 동서 유형일 때는 저기압이 발달하기 어렵고, 날씨의 변화가 심하지 않은 경향이 있는데, 남북 유형이 되면 저기압과 고기압이 함께 발달하기 때문에 극단적인 이상기후가 나타날 확률이 높아진다.

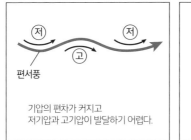

편서풍

기압의 편차가 커지고
저기압과 고기압이 발달하기 어렵다.

편서풍이 동서 방향으로 분다.

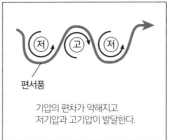

편서풍

기압의 편차가 약해지고
저기압과 고기압이 발달한다.

편서풍이 남북 방향으로 분다.

**편서풍의 흐름**

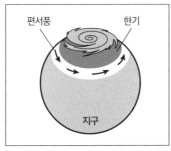

편서풍        한기

지구

북극의 한기가 갇힌다.

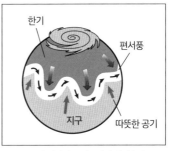

한기

편서풍

지구

따뜻한 공기

북극의 한기가 중위도까지 내려온다.

**AO 지수와 편서풍의 관계**

## 북극의 빙산이 녹으면 한기가 남하한다

최근 AO 지수가 음(-)의 값이 되기 쉬워지는 이변이 일어나고 있다. 그 원인은 **북극 해빙**(북극해의 얼음이 녹는 현상)이다.

빙산이 녹으면 북극의 기온은 상승한다. 그리고 북극의 기압이 올라가게 된다. 즉, 북극의 기압이 높아져서 AO 지수가 음(-)의 값이 된다. 이런 과정으로 온난화에 의해 빙산이 녹으면서 중위도로 한기가 흘러가는 현상을 재촉한다.

'지구온난화라고 하는데도 2018년 겨울에는 엄청난 한파가 찾아왔는데?'라는 의문을 떠올렸다면 이 설명으로 충분히 이해되었으리라 생각한다.

온난화가 앞으로도 계속 진행되면 AO 지수는 더욱 음(-)의 값을 기록할 것이므로, 중위도 지역은 강한 한기의 유입이 증가하여 폭설이나 격한 뇌우 등 혹독한 기상 현상이 점점 더 많아질 수도 있다.

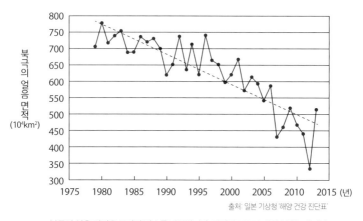

출처: 일본 기상청 '해양 건강 진단표'

북극의 얼음 면적은 증가와 감소를 반복하지만, 전체적으로 보면 감소하는 추세다.

**북극 지역의 얼음 면적 변화(연간 얼음이 가장 적은 때의 수치)**

# 48

## 화산이 폭발하면 지구는 한랭화될까?

화산 폭발이 기상과 기후에 영향을 미치는 사례도 있다. 화산재와 연기가 햇빛을 차단하여 전 세계에 걸친 한랭화를 일으키기도 한다.

### 도쿄의 강설 기록

1984년 겨울 일본은 전국적으로 기록적인 추위에 떨었다. 동해 지역뿐만 아니라 태평양 지역에도 대설이 내리기도 했던 점이 특징적이다. 도쿄에서 한 계절에 29일이나 눈이 내렸다는 기록이 있는데, 총 적설량은 무려 92cm에 달했다. 이 수치는 지금까지도 역대 1위 기록으로 남아있다.[1]

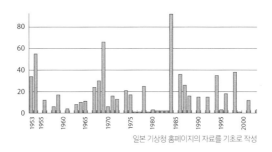

일본 기상청 홈페이지의 자료를 기초로 작성

**도쿄의 총 적설심**

--------------------------------------

1 2014년에 간토·고신 지방에 눈이 많이 내렸는데도 도쿄의 총 적설량은 49cm였다. 아직도 1984년은 일본에서 '전설의 겨울'로 남아있다.

이 시기의 추위는 화산 분화가 하나의 원인일 것으로 추측된다. 1982년에 멕시코 남부에서 엘치촌 화산이 폭발하여 연기가 고도 1만 6,000m까지 솟구쳤다. 이 연기가 직사광선을 차단해서 세계적으로 한랭화를 초래했다고 여겨진다.

# 제 6 장

# 일기 예보의 시스템

## '고양이가 세수를 하면 비가 온다'는 속담은 왜 생겼을까?

많은 사람이 하루 일과 중에서 빠뜨리지 않는 것이 있다면 일기 예보를 확인하는 것이지 않을까? 우리 생활과 아주 밀접한 관계가 있는 일기 예보의 역사를 되돌아보자.

### 날씨 예측은 어려워서 재미있다

사람들은 날마다 어떤 일과를 꾸릴까? 저마다 되풀이하는 행동과 습관이 있을 텐데, 그중 하나는 일기 예보를 확인하는 것일 것이다. 그만큼 우리 일상생활과 기상, 날씨는 떼려야 뗄 수 없는 관계라고 할 수 있다.

예를 들어 사막 기후인 나라에서는 날씨가 거의 매일 '맑음'이고, 열대다우림 기후인 나라에서는 계속 '맑음 때때로 뇌우'다. 이렇게 매일 같은 날씨만 반복된다면, 기상 현상에 대해 궁금증이 생기지 않을 것이다. 그런 의미에서 내일의 날씨조차 예측하기 어렵다는 점은 일본이 가진 매력 중 하나일지도 모른다.

현대인의 생활에서 일부분을 차지하는 날씨 예보는 언제부터 어떻게 시작되었을까?

## 관천망기

일기도와 기상청이 생기기 한참 전부터 '관천망기[1]'라는 날씨 예측 방법이 입에서 입으로 전해져서 전국 각지에서 활용되었다. 그중 잘 알려진 내용을 몇 가지 소개한다.

- **봄에 부는 동풍은 비**

  : 서쪽에 저기압이 있다.

- **거미집에 아침 이슬이 걸려있으면 날씨가 맑다.**

  : 복사냉각이 강해졌다는 증거이므로 구름이 없는 날씨가 예상된다.

- **햇무리나 달무리가 지면 날씨가 흐려진다.**

  : 무리를 만드는 권층운은 온난전선의 접근을 알리는 전조다.

- **제비가 낮게 날면 비가 온다.**

  : 습도가 높아지면 먹이인 날벌레의 날개가 무거워져서 낮게 날아다닌다.

- **고양이가 세수를 하면 비가 온다.**

  : 습도가 높아지면 고양이의 수염이 쳐져서 세수하는 것처럼 문지르며 수염을 관리한다.

- **사마귀가 높은 곳에 알을 낳는 해에는 눈이 많이 내린다.**

  : 사마귀는 알이 눈에 파묻히지 않도록 높은 곳에 낳는다.

그 밖에 약간 특이한 내용으로 다음과 같은 것도 있다.

---

1 구름, 바람, 무지개, 태양, 달, 지진 등 자연 현상과 생물의 행동 변화 등을 통해 앞으로의 날씨를 예상하는 일. 날씨 속담으로 지금까지 전해지는 내용도 있다.

- 사무라이개미가 노예를 사냥하러 외출하는 밤에는 비가 내리지 않는다.
- 불나방 애벌레의 세로 줄무늬가 두꺼울수록 추운 겨울이 찾아온다.


사무라이개미의 생태는 매우 독특하여, 일절 일을 하지 않는다. 사무라이개미는 다른 개미(곰개미 등)의 집에 침입해서 번데기를 빼앗고, 번데기에서 탈피한 곰개미에게 개미집을 짓게 하고, 애벌레를 돌보게 하고, 먹이를 사냥해오도록 시킨다.

불나방 애벌레는 굉장히 빠르게 도로를 횡단하는 장면이 자주 목격되는 털이 난 유충이다. 털이 부스스하게 난 유충 중에서도 특히 털이 길고, 복슬복슬하다. 흰불나방이나 줄점불나방의 유충이 대부분이며, 민들레나 질경이처럼 한입에 먹기 쉬운 잡초를 먹으며 자란다. 식욕이 왕성한 불나방 애벌레는 질경이 한 줄기 정도는 눈 깜빡할 사이에 먹어치우는데, 다행히 질경이는 어디서나 찾을 수 있는 풀이라서 애벌레답지 않게 '걷기' 능력이 발달했다고 여겨진다.

혹시 불나방 애벌레를 발견하게 되면 갈색 등줄기의 세로 줄무늬 두께를 관찰해보자. 줄무늬가 두꺼우면 그해 겨울의 추위는 매우 혹독하다고 한다.[2]

곤충을 비롯한 야생동물에게 기후를 예측하는 능력은 목숨이 달린 문제다. 그래서 마치 사람의 오감처럼 처음부터 날씨를 예측하는 능력을 갖추고 태어나는지도 모른다.

---

2 뉴욕 자연사박물관의 찰스 하워드 카렌(1885~1952)이 이에 대해 연구했으며, 당시의 기상 예보보다 정확했다는 사실을 보고했다.

## 일기도의 등장

역사에서 처음으로 일기도가 등장한 것은 19세기다. 독일의 기상학자인 하인리히 브란데스[3]가 지상 기압의 분포를 나타낸 그림(일기도의 원시적인 형태)을 작성했다. 이 그림을 날씨 예보의 도구로써 사용하려는 시도는 좋았지만, 일기도를 완성하기까지 무려 37년이나 걸렸다. 제작 기간이 너무 길어서 실용성을 논하기 어려운 수준이었다.

국가사업으로서 최초로 일기도가 진행된 것은 19세기 중반인 1854년이다. 1854년 11월에 프랑스 함대가 맹렬한 바람을 만나 전멸한 사건이 계기가 되었다. 프랑스 군대를 이끌었던 나폴레옹은 폭풍우가 오는 것을 미리 알았다면 전멸을 막을 수 있었다고 생각해서 당시 파리의 천문대 소장이었던 르베리에[4]에게 조사를 의뢰했다. 르베리에는 "11월 12일부터 16일까지 5일간의 기상 상태를 알려주세요. 바람, 기압, 습도가 어떠했는지 알려주기 바랍니다"라는 편지를 유럽 각지에 뿌렸다. 그리고 250통의 답변을 받아서 정리한 결과 폭풍이 몰려올 때는 전조 현상이 있다는 사실을 발견했다.

르베리에는 날씨가 움직인다는 사실을 알아차렸다. 유럽 각지의 바람 방향과 기온 변화 등을 조사한 끝에 1856년 일기도를 완성했다. 일기도를 통해 폭풍우가 스페인 부근에서 시작하여 지중해를 통과하고 흑해로 진출한 저기압 때문에 일어났다는 것까지 알아냈다.

---

3  하인리히 브란데스(1777~1834)는 1783년 3월의 태풍에 대한 일기도를 1820년에 발표했다.

4  위르뱅 르베리에(1811~1877)는 프랑스의 수학자이자 천문학자다. 천왕성의 움직임이 이상하다고 깨닫고 연구하여 해왕성을 발견한 인물로도 알려져 있다.

이 사건으로 날씨의 변화가 국가의 운명까지 좌우할 수 있다는 인식이 자리 잡아 일기도 작성이 본격적으로 시작되었다.

## 일본의 날씨 예보

일기도가 일본에 도입된 것은 1883년의 일이다. 해외 과학자에게 기상 관측 방법을 배웠고, 이를 바탕으로 일본에서도 일기도의 역사가 시작되었다.

우선 전국 각지에 관측소가 세워졌으며, 1884년 6월 1일 기상청의 전신인 도쿄기상대에서 일본 역사상 최초의 날씨 예보를 발표하였다. 그 예보는 "전국 일반 바람의 방향 정해진 바 없으며 날씨는 변하기 쉬움, 단 우천 가능성(전국적으로 바람의 방향은 정해지지 않았고, 날씨는 변하기 쉬우며, 비가 내릴 확률이 높다)"이라는 상당히 대략적인 내용이었을 뿐 아니라 예보의 적중률이 매우 낮았다고 기록되어 있다.

이렇게 일기도를 사용한 날씨 예보가 매일 발표되기 시작했고, 현재는 레이더, 아메다스, 히마와리 등 3가지 종류의 첨단장비와 슈퍼컴퓨터를 통한 수치 예보 기술도 활용되고 있어서 예보의 적중률은 점점 높아지고 있다.

# 50

## 기상 관측에는 어떤 기계가 사용될까?

기상 관측 기술은 매년 진보하고 있다. 또한 오랜 기간 축적된 관측 데이터는 일일 날씨 예보 이외에 지구온난화의 원인 규명이나 예측에도 사용된다.

**히마와리 8호**

일본 기상청이 2014년 10월 7일에 발사하여 2015년 7월 7일부터 운용하기 시작한 **히마와리 8호**는 일본 지역 및 지구를 관측하는 **정지 기상위성**이다. '정지'라는 명칭이 붙어있지만 못 박힌 듯이 한자리에 멈춰 있는 것은 아니고, 지구가 자전하는 방향으로 함께 움직이며 주변을 돌기 때문에 정지하고 있는 것처럼 보인다.

히마와리 8호는 10분마다 지구를 관측하고, 2.5분마다 일본 지역 관측과 태풍 등을 추적하는 기동 관측을 실시한다. 관측 영상은 기

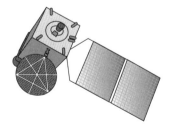

히마와리 리얼타임 web
https://himawari8.nict.go.jp/ja/himawari8-image.htm

**히마와리 8호**

상청의 웹사이트에서 볼 수 있다.[1]

히마와리 8호에 탑재된 가시적외주사방사계(VISSR)는 인간의 눈으로 볼 수 있는 가시광선부터 눈에 보이지 않는 적외선까지 다양한 파장대로 **전자파의 강도**를 관측한다. 이러한 관측 결과를 구름 화상으로 표시한 것이 우리에게 익숙한 위성 영상이다.

가장 자주 사용되는 것은 **적외영상**으로 뉴스의 날씨 예보에서도 대부분 이 자료를 이용해서 설명한다. 적외선의 강도는 습도에 따라 달라진다. 습도가 낮은 구름은 하얗고, 습도가 높은 구름은 까맣게 표시된다.

구름은 높이 솟을수록 정상 부근의 습도가 낮아지기 때문에 활발한 적란운은 하얗게 빛나 보인다. 그런데 똑같이 상공 높은 곳에 떠 있지만 비를 뿌리지 않는 권운도 새하얗게 표현된다는 난점이 있다(위성 자료에 익숙해지면 형태를 보고 직관적으로 어떤 구름인지 알 수 있다).

**가시영상**은 우리 눈에 보이는 가시광선의 반사를 표현한 것이다. 즉, 인간이 우주에서 내려다보는 것과 똑같은 장면이다. 비를 머금은 것처럼 발달한 구름은 두껍기 때문에 태양광선을 강하게 반사해서 하얗게 찍히므로 한눈에 알기 쉬운 그림으로 표현된다. 그러나 야간에는 새카맣게 찍혀서 영상이 온통 검은색으로 뒤덮이기 때문에 사용할 수 없다.

---

1  지금은 웹사이트에서 인공위성 정보를 보는 것이 당연하게 느껴지지만, 처음 위성 영상이 게재되었을 때는 원할 때마다 위성 자료를 볼 수 있다는 것이 큰 사건이었다.

그 외에도 대류권의 중층부터 상층의 수증기량을 표현하는 **수증기
영상**이나 적란운 발견에 가장 도움이 되는 운정강조영상 등이 있다.

## 아메다스

일본은 전국 약 1,300곳(약 17km 간격)에 아메다스라는 자동 관측 시
스템을 설치하여 강수량을 관측하고 있다.[2] 그중 약 840곳(약 21km
간격)에서는 강수량뿐 아니라 풍향, 풍속, 기온, 일조시간도 자동 관
측한다. 또한 눈이 많이 내리는 지방은 약 320곳의 시설을 이용해 적
설의 깊이(적설심)도 관측한다.[3]

아메다스는 학교에서 자주 볼 수 있던 백엽상과 비슷하게 생겼다.
겉모습이 평범해서 우리 주변에 설치되어 있어도 알아차리지 못하고
그냥 지나치고 있을지 모른다.

아메다스가 가동을 시작한 1974년 11월 1일부터 지금까지 모은 데
이터는 기상청 웹사이트에서 볼 수 있다. 누구나 손쉽게 연구를 할
수 있는 훌륭한 환경이다.

적설은 눈이 적은 일본의 태평양 쪽 지역에서 관측되는 일이 매우

---

2  아메다스(AMeDAS)는 Automated Meteorological Data Acquisition System의 약자다. 아메
   다스의 관측이 기상재해 방지와 감소에 기여하는 역할은 매우 커서, 만약 아메다스에 장난을
   친 경우는 징역형을 포함한 무거운 형벌을 받을 수 있다.

3  우리나라는 전국 539곳(격자 간격 13km)에 자동기상관측(AWS, Automatic Weather System)을 설
   치하여 운영하고 있다. AWS에서 수집된 자료는 일변화 경향 감시 및 분석, 돌발성 기상 변화
   감시와 방재기상지원 능력 향상, 국지적 상세예보모델의 개발·운용과 기초자료 확보의 목적
   이 있다. 풍향, 풍속, 온도, 습도, 기압, 강수량, 강수유목, 지면온도, 초상온도, 일사, 일조를 관
   측한다.-옮긴이

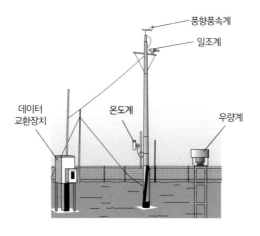

아메다스

드물다. 그래서 도쿄에서는 도심(오테마치)의 적설심은 관측하지만, 오쿠타마나 하치오지에 설치된 아메다스에서는 관측하지 않는다. 아메다스 이외에 지방자치단체 등에서 측정한 적설심 데이터를 보도에 인용하는 정도다. 요즘에는 인터넷이 발달했기 때문에 SNS나 메일링 리스트 등으로 데이터를 모으는 경우도 있다.

　드물게 적설심을 관측하지 않는 지역에서 '기온 0℃ 이하, 강수량 1시간당 20mm'처럼 놀라운 양의 눈이 내렸다는 소식을 접하면, '적설계가 있었다면 기록적인 데이터였을 텐데'라며 약간 아쉬운 마음이 들 때도 있다.[4]

--------------------------------------

4　강수량 1mm가 눈으로 내리면 적설은 1~5cm 정도이며, 1시간당 3mm 이상의 강수가 눈이 되어 내리면 '강한 눈' 날씨가 된다.

또한 전국 약 60곳의 기상대에서는 이러한 기상 요소에 더하여 날씨나 시정[5], 눈의 상태 등을 육안으로 관측하고 있다.

## 라디오존데

상공 고층의 기상 관측은 **라디오존데**(풍선형 고층기상관측 장비)를 쏘아 올려서 한다. 라디오존데는 기압, 기온, 습도 등의 기상 요소를 측정하는 센서와 측정한 정보를 전송하는 무선송신기를 갖춘 기상관측기를 기구에 꽂아 띄우는 측정 기기다. 세계기상기구의 세계기상감시계획에 따라 전 세계 990여 개의 고층기상관측소에서 우리나라 시각으로 매일 9시와 21시에 기구를 쏘아 올리는데, 의외로 어려운 작업이라서 담당자도 처음에는 실수로 기구를 부수는 일도 있다.

라디오존데는 기구에 실려 상공 약 30km까지 올라가 관측을 마치면, 기구는 파괴되고 관측기는 낙하산을 펼치고 떨어진다. 만일의 사고를 방지하기 위해 관측지는 연안에 위치하며, 라디오존데는 대부분 바다에 떨어진다. 하늘에서 내려온 라디오존데를 주우면

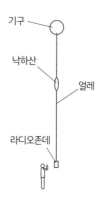

**라디오존데**

---

5  수평 방향에서 한눈에 보이는 최대 거리로 대기의 혼탁도를 나타내는 척도다. 담당 직원이 직접 눈으로 관찰하는데, 개인차가 생기지 않도록 충분히 훈련을 받는다.

행복해진다는 미신이 기상 마니아들 사이에서 비밀리에 전해지기도
한다.

　일본에서 라디오존데를 이용한 고층기상관측은 16곳의 기상관서
(기상 관측이나 날씨 예보의 업무를 수행하는 공적 기관)와 쇼와기지(남극),
그 외에 해양기상관측선(료후마루, 게이후마루)에서도 한다.[6]

## 쇼와기지

일본에서 직선거리로 약 1만 4,000km 떨어진 뤼초홀름만의 동쪽 해
안, 남극 대륙의 빙하 가장자리에서 4km 떨어진 동옹굴섬에 위치한
것이 남극의 쇼와기지다.

　현재는 지상기상관측, 고층기상관측, 오존관측, 일사방사관측을 실
시하고 있다. 이러한 관측 결과는 세계기상기관(WMO)의 국제관측망
의 한 축을 담당하며, 관측 데이터는 바로 각 나라의 기상 기관에 전
송되어 기상 예보에 이용되고 있다.

　또한 총 300명에 이르는 기상대원의 노력 덕분에 50년 이상 관측
데이터가 축적되어, 지구온난화와 오존구멍 등 지구 환경 문제의 원
인을 찾고 예측하는 기초 데이터로 활용되고 있다.

---

6　우리나라의 고층기상관측은 기상청의 포항·고산·백령도·속초·흑산도기상대의 5개소, 공
　군 소속의 오산과 광주기상대 2개소에서 운영되고 있다. 라디오존데를 추적하여 바람 데이터
　를 수집한다. 저층기상관측에는 윈드프로파일러를 사용한다. 고층기상관측법에는 위성항법시
　스템(GPS) 또는 지상파항법시스템(Loran)을 이용해서 라디오존데 속도를 측정하는 최신 방법
　도 포함된다. 이에 따라 우리나라 기상청에서는 GPS레윈존데를 사용하여 상층 대기를 관측
　하고 있으며, 이 장비는 GPS라디오존데, 지상점검장치, 비양 기구, 낙하산, 얼레, 지상수신장
　치, 자료분석장치 등으로 구성되어 있다고 한다.-옮긴이

쇼와기지

　파견된 기상대원은 1년 이상 쇼와기지에서 생활한다. 쇼와기지에는 다양한 설비가 마련되어 있는데, 인터넷도 연결되는 등 실내에서는 일반적인 생활을 할 수 있다. 하지만 일단 바깥으로 나가면 저온과 강풍이 몰아치는 혹독한 환경이므로 외출할 때는 반드시 무전기를 휴대해야 한다.

　현재 일본에서 운영하고 있는 남극기지는 쇼와기지 외에 돔후지기지, 미즈호기지, 아스카기지가 있다.[7]

---

7　우리나라는 남극에 이어 북극에도 과학기지를 운영하는 세계 여덟 번째 국가다. 시설로는 남극세종기지(남극기지)와 북극다산과학기지가 있다. 남극세종기지는 킹조지섬 바턴반도에 있는 한국 최초의 남극과학기지로, 1988년에 준공되었고 1년 내내 운영되는 상주 기지로서 한국해양연구원 극지연구소가 관리하고 있다. 지진파, 지구자기, 고층대기 그리고 성층권 오존 측정 등의 일상 관측을 수행하고, 세종기지를 중심으로 킹조지섬 인근 및 웨델해에서 지질, 지구물리 및 해양생물학 등의 연구 활동을 펼치고 있다. 북극다산과학기지는 2002년에 북극에 가까운 노르웨이령 스발바드군도 니알슨에 건설된 과학기지다. 접근이 용이하기 때문에 상주 인원이 필요 없으며, 연구 기간에만 체류하는 효율적인 방법으로 운영되고 있다. 북극의 기상과 기후, 대기와 해양 등을 관측하고 부존자원을 연구 및 탐사하고 있다.-옮긴이

## 51

# 일기 예보의 정확도는 정말 85~90%일까?

현재 일기 예보는 기본적으로 수치 예보와 슈퍼컴퓨터를 바탕으로 이루어진다. 적중률은 의외로 높아서 90%에 다다른다. 예측 방법을 살펴보자.

**계산으로 예측하는 수치 예보는 무엇일까?**

20세기 초, '수치 예보의 아버지'라고 불리는 영국의 리처드슨[1]은 다양한 기상 데이터와 공기의 움직임을 바탕으로 계산하여 미래 대기 상태를 예측하는 방법을 생각해냈다. 이것이 수치 예보라는 개념의 탄생이라고 할 수 있다. 그는 **직접 계산하여 미래의 일기도를 만들려고 시도했다.** 하지만 이러한 계산 방법으로 날씨 예보에 활용할 수 있는 실용적인 일기도를 완성하려면 무려 6만 4,000명이나 되는 사람이 필요했기 때문에 현실성이 떨어졌다.

그때 구세주처럼 등장한 것이 컴퓨터(=계산기)다. 방대한 양의 수치 계산에서 해방되고, 작업시간도 기하급수적으로 단축되었다.

슈퍼컴퓨터를 이용한 수치 예보가 없던 시대에는 날씨 예보를 과거 경험치의 축적, 즉 **예보관의 감각에 의지하는 부분이 컸다.**[2] 하지만 슈

---

1  루이스 프라이 리처드슨(1881~1953)은 영국의 수학자이자 기상학자다.

2  예보관 개인의 능력에 좌우되기 때문에 예보관에 따라 적중률이 차이가 크고, 한 사람 몫을 해내는 예보관이 될 때까지 오랜 시간에 걸친 엄격한 수행이 필요한 점 등 문제가 있었다.

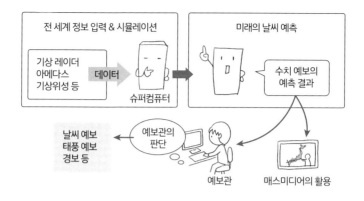

**수치 예보의 시스템**

퍼컴퓨터의 수치 예보가 등장하면서 정확도가 향상되었고, 예보관의 감각과 경험보다 데이터를 더 중시하게 되었다.

## 슈퍼컴퓨터 IBM 704

미국에서는 1949년부터 컴퓨터를 사용해서 일기도를 작성하고 있다. 1955년 미국 기상청은 슈퍼컴퓨터(IBM 704)를 도입해서 수치 예보를 실용화했다. 4년 뒤인 1959년에 일본의 기상청에서도 같은 기계를 사용하여 미국처럼 수치 예보를 개시했다. 지금 사용하는 슈퍼컴퓨터는 초대 슈퍼컴퓨터부터 세었을 때 9대째에 해당한다.

만약 수치 예보가 없었다면, 날씨 예보는 뢴트겐 사진이나 예술작품을 해석하는 것처럼 직관적이고 전문적인 분야로 발전했을지도 모른다. 수치 예보가 가능해졌기 때문에 지금은 물리학 분야에 포함되어 있다.

## 날씨 예보의 적중률이 높은 이유

날씨 예보의 적중률은 어느 정도일까? 현재 날씨 예보의 적중률은 약 85~90%다. 예상보다 높다고 생각할지도 모르겠다.

이렇게 높은 적중률에는 이유가 있다. **날씨 예보의 적중률은 강수의 유무만 고려해서 평가하기 때문이다.**

예를 들어 '맑음'이라고 예보했는데 '흐림'이라든지, '비'라고 예보했는데 '눈'이 내린 경우도 적중된 것으로 친다. 날씨 예보를 참고하는 입장에서는 쉽게 납득되지 않는 부분이지만, 수치 예보의 한계이며 실제 상황과 맞지 않는 면이 있다.

하지만 기온 예보는 **최고기온의 오차가 1.5~2℃까지** 좁혀져서 적중률이 향상되었다. 기온이 1~2℃ 정도 다른 것을 체감하기란 쉽지 않으므로 이 부분은 비교적 뛰어난 정확도라고 말할 수 있다.


## 나비효과는 예측할 수 없다

기상청에서는 매일 일주일 후까지의 날씨 예보를 발표한다(일본기상협회는 10일 후까지, 웨더맵은 16일 후까지 발표한다). 슈퍼컴퓨터를 이용해도 예측이 점점 어려워지는 이유는 **나비효과** 때문이다.

나비효과는 흔히 '베이징에서 나비가 날개를 펄럭이면 뉴욕에 비가 내린다' 등으로 표현되는데, 곤충의 날갯짓처럼 극히 작은 대기의 변화가 쌓이고 쌓여서 **먼 미래의 물리 현상을 변화시키는 것**을 말한다.

나비의 날갯짓으로 생긴 공기의 흔들림은 알아채기 어려운 수준이지만, 하루 이틀 시간이 점차 지나면 전 세계에서 몇조 마리의 나

비가 날갯짓을 하고 있을지도 모른다. 나비만이 아니라 새나 박쥐도 있고, 인간이 지우개를 비벼서 마찰열을 일으키거나 재채기를 하기도 할 것이다. 이러한 영향까지 계산에 포함하는 것은 사실상 불가능하다.

이와 같이 사소한 '흔들림'이 티끌이 태산이 되듯 쌓이기 때문에 먼 미래의 현상은 좀처럼 예측하기 어렵다.

## 예보의 정확도 향상을 위한 노력

예보의 정확도를 높이기 위한 노력은 끊임없이 시도되고 있다. 일본 기상청에서는 특히 수치예보모델[3]을 개량하기 위해 온 힘을 쏟고 있다. 수치예보모델을 세밀하게 설정하여 고해상도화하거나 앙상블 예보를 도입하여 호우 방재, 태풍 방재, 온난화 적응 대책에 응용하는 등 여러 가지 계획이 마련되고 있다.[4]

---

3  기상 관측 데이터와 역학 및 물리 방정식을 활용하여 앞으로의 대기 움직임과 날씨를 시간대별로 예측해내는 컴퓨터 소프트웨어 프로그램이다.–옮긴

4  참고: 일본 기상청 '2030년에 대응한 수치예보 기술개발중점계획'.

## 52

# 벚꽃 개화 예보는 어떻게 할까?

벚꽃놀이는 설날, 추석, 크리스마스와 함께 계절을 대표하는 이벤트 중 하나다. 봄의 방문을 알리는 벚꽃 개화 예보에 대해서 살펴보자.

### 봄을 알리는 벚꽃

일본인이 사랑하는 벚꽃놀이가 크리스마스나 설날과 다른 점은 '자연의 영향을 크게 받는다'는 것이다. 꽃구경을 하러 가는 날 비가 내리거나 몹시 추우면 기대가 꺾이게 된다. 예를 들어 2010년은 기록적인 '추운 봄'이 찾아와서 한창 벚꽃이 피어야 할 4월 17일에 도쿄에는 눈이 살짝 쌓이는 터무니없는 일이 일어나기도 했다. 이렇게 벚꽃을 즐기기가 마냥 쉽지만은 않은 이유 때문에 벚꽃놀이가 인기가 높은 것일지도 모르겠다.

일본의 벚꽃 개화 예보는 예전에는 기상청에서 했지만, 지금은 일본기상협회와 웨더맵, 웨더뉴스 등 민간 기업이 자세하게 발표한다. 기상청은 개화 선언만 발표하고 있다.

### 개화 시기 예측 방법

일본은 전국 각지에 **표본목**이라고 불리는 벚나무가 있다. 표본목에 벚꽃이 몇 송이(5~6송이) 피면 개화 선언을 한다. 개화 선언보다 한발

앞서 개화를 예보하는 것은 어떻게 가능할까?

벚꽃 개화 예보는 기온과 과거 50년의 데이터를 바탕으로 어떤 기온이었을 때 언제 피는지, 올해의 기온은 어떻게 될 것인지를 생각한다. 일본 날씨정보 사이트인 웨더맵에서는 컴퓨터로 예측된 기온 데이터를 기초로 1만 가지 개화일에 대한 시나리오를 연구하고, 그 1만 가지 개화일의 평균을 벚꽃 개화 예상일로 발표한다고 한다. 1만 명의 다양한 의견을 취합하는 것과 같은 방식인데, 컴퓨터라서 가능한 작업 방식이라고 할 수 있다. 담당자는 개화 예보가 "재해로 이어질 것 같은 심각한 예보는 아니지만, 벚꽃놀이를 기대하는 사람이 많은 만큼 수요가 매우 높다"고 말한다.

벚꽃은 추위를 만나면 '휴면 각성'[1]된다. 그다음 기온이 오르기 시작하면 꽃눈이 자라서 개화하게 된다. 즉, '초겨울의 추위는 혹독하고, 봄의 방문은 빠르다'고 할 만큼 개화가 빨라진다. 2018년의 개화는 기록적으로 빨랐는데, 그 이유는 12~1월의 추위가 극심했고 2~3월은 비교적 온난했기 때문이다.[2]

## 온난화 때문에 벚꽃이 피지 않는다?

휴면 각성은 추위가 매서울수록 눈이 번쩍 뜨이고, 추위가 사그라들면 몽롱해지는 상태와 비슷하다. 그래서 **겨울이 따뜻하면 오히려 늦게 개**

---

1  휴면하고 있던 종자, 식물이 성장이나 활동을 개시하는 것. 자연 상태에서는 강우, 온도 등의 변화에 따라 자극을 받아 휴면에서 깨어난다.-옮긴이

2  도쿄의 평균기온은 평년보다 12월은 1℃, 1월은 0.5℃, 2월은 0.3℃ 낮았고, 3월은 2.8℃ 높았다.

화한다.

벚꽃 개화는 일반적으로 남쪽에서 북쪽으로 퍼지는데, 규슈 지역에서는 북쪽에서 남쪽으로 개화가 퍼져나간다. 규슈의 경우 북쪽인 후쿠오카에서 피기 시작해서 남쪽 가고시마에서 가장 늦게 피는 이유는 가고시마의 환경이 휴면 각성을 둔하게 만들기 때문이다.

이러한 현상과 관련해서 걱정되는 문제가 한 가지 있다. 이대로 온난화가 심각해지면 미래에는 벚꽃이 피지 않게 될 우려가 있다. 겨울이 너무 따뜻하면 꽃눈이 휴면 상태에서 깨어나지 않기 때문이다.

## 왕벚나무는 복제묘라서 개화 시기를 예측할 수 있다

'생물마다 개성이 다른데 어떻게 예보를 할 수 있을까'라는 의문이 떠오를 수 있다. 아침 4시에 일어나도 가뿐하다는 사람이 있고, 8시에 일어나는 것도 힘들다는 사람이 있는 것처럼 말이다. 벚나무의 개화 예보는 개별 차이를 무시해도 문제가 없을까?

사실 그 문제는 벚꽃 개화 예보에서 고려할 필요가 없다. 왜냐하면 일본에서 벚꽃 개화 예보에 이용하는 표본목은 왕벚나무인데(일부 지역은 제외), **이 왕벚나무는 대부분 복제묘(클론)**이기 때문이다.

복제묘는 접붙이기나 꺾꽂이 등 무성생식으로 태어난, 이른바 복제된 나무를 말한다. 따라서 모두 똑같은 DNA를 갖기 때문에 기상 조건이 같으면 거의 동시에 꽃을 피운다고 예측할 수 있는 것이다.[3]

--------

3  같은 DNA를 갖고 있기 때문에 약점도 같다. 그래서 취약한 병이 유행하면 멸종해버릴 가능성도 있다.

# 53

# 가끔 발표되는 예보에는 무엇이 있을까?

우리에게 익숙한 날씨 예보는 내일의 날씨나 최저(최고)기온, 1주일 날씨일 것이다. 하지만 예보의 종류는 훨씬 다양하다. 드물게 발표되는 예보를 살펴보자.

## 장마 시작과 장마 종료

기상청은 장마 시작, 장마 종료라는 말을 사용하는데 사실 명확한 정의는 없다. 장마전선의 영향으로 2~3일 흐리거나 비가 내리는 날이 이어지면 장마 시작, 장마전선이 북상해서 파란 여름 하늘이 펼쳐지고 더 이상 영향이 없다고 판단되면 장마 종료로 본다. 애매한 기준이라서 '장마가 시작(종료)된 것으로 보입니다'라고 에둘러 발표하는 뉴스를 듣고 고개를 갸웃한 적도 있을 것이다. 장마와 관련하여 즉시 발표되는 수치들은 매년 9월에 재검토를 하여 변경되는 경우도 적지 않다.

예보가 어려운 이유 중에는 비구름의 폭도 있다. 일반적인 비구름은 1,000km 규모의 크기(폭)인데, 장마에 비를 뿌리는 장마전선은 100km 정도에 불과하다. 그래서 전선이 살짝 빗겨나기만 해도 비가 내리는 양상이 확연히 달라진다. 게다가 집중호우도 많아서, 한 해를 통틀어 날씨를 예측하기 가장 어려운 시기라고 할 수 있다.

## 자외선지수

우리 눈에는 보이지 않으며, 파장이 짧고, 강한 에너지를 가진 빛(일부 곤충 등의 눈에는 보인다)이 자외선이다.

최근 오존층 파괴로 인해 지표면에 도달하는 햇빛 조사량이 증가하고 있어서, 하늘에서 쏟아지는 자외선도 많아졌다고 여겨진다. 자외선은 기미, 주근깨, 피부암, 백내장 등의 원인이 된다.

기상청에서는 일상 속에서 효과적으로 자외선을 차단할 수 있도록 자외선지수(UV[1] 인덱스)를 이용하여 자외선 정보를 제공하고 있다.[2]

자외선 양은 쾌청한 날보다 '흐린 날에 가까운 맑은 날'에 더 강해진다. 구름에 반사되기 때문이다. 모래사장 등에서도 반사가 강하며, 높은 장소 역시 자외선지수보다 강한 자외선에 노출될 수 있으므로 주의가 필요하다.


## 초미세먼지(PM2.5)

'PM2.5'란 대기 중에 부유하는 지름 2.5마이크로미터($\mu m$)[3] 이하의 매우 작은 입자를 말한다. PM은 Particulate Matter(미립자 상태 물질)의 앞 글자를 딴 것이다. 공장, 자동차, 선박, 항공기 등에서 배출되는 매연, 분진, 유황산화물($SO_X$)처럼 대기오염의 원인이 되는 입자 상태의

---

1  UV란 Ultraviolet rays의 약자로 '자외선'을 의미한다.

2  우리나라의 자외선지수 예보는 기상청에서 1일 2회(6시, 18시) 발표하고, 케이웨더에서 오전과 오후 예보를 발표한다. 단기 예보와 주간 예보로 공개된다. 오존 예보는 매년 4월 15일부터 10월 15일까지 발표한다.-옮긴이

3  1마이크로미터($\mu m$)는 1밀리미터(mm)의 1000분의 1이다.

물질이다. 입자의 크기가 매우 작기 때문에 폐 구석구석까지 흘러들기 쉬워서 천식이나 기관지염 등 호흡기 질환에 미치는 영향이 우려된다.

PM2.5 예측 정보는 건강에 악영향을 미칠 수 있는 PM2.5의 분포를 일본기상협회의 독자기상예측모델 등을 이용해서 48시간 후까지의 경향을 예측한다.[4]

## 황사

황사 예측에는 황사 발생 지역의 황사 날림, 이동과 확산, 하강 과정 등을 조합하는 기상청의 수치예보모델을 사용한다. 황사 예측도는 지표 부근의 황사 농도와 대기 중 황사 총량의 분포를 수치예측모델로 계산하여 나타낸 것이다. 4일 동안의 3시, 9시, 15시, 21시 예측도를 볼 수 있다. 대기 중 황사 총량의 예측도는 지표면으로부터 상공 약 55km까지 공간을 $1m^2$에 포함된 황사 총량에 따라 색의 농도를 달리하여 표시한 것이며, 대기 중에 황사가 떠다녀서 얼마나 공기가 탁하게 느껴지는지 나타내는 정보다.[5]

---

4   우리나라는 초미세먼지(PM2.5)를 주간 예보로 발표한다. 고농도 미세먼지 발생 가능성에 대해 대기오염 농도를 2등급(높음, 낮음)으로 예측한다. 단기 예보(오늘, 내일, 모레)는 측정치를 수치로 환산하고 5단계로 표시하여 대기정보 예보로 발표한다.—옮긴이

5   우리나라는 2002년 4월 황사특보제를 신설하여 시행하고 있다. 현재 황사를 관측하기 위한 기상청 황사 관측망은 국내에 38개소, 북한에 2개소, 중국 황사 발원지 및 경유지에 10개소를 설치했고, 중국기상국의 자료를 실시간으로 입수하여 황사 예보에 적극 활용하고 있다. 황사 관측은 세계기상기구의 권고에 따라 맨눈으로 실시하며, 황사특보를 위하여 계기 관측 결과를 활용한다. 위성 자료, 일기도, 기압계 패턴 등을 분석하여 통합모델을 실시하고 분석하여 이동 경로, 유입 시점, 강도를 예측한다. 황사로 인해 1시간 평균 미세먼지농도 $800\mu g/m^2$ 이상이 2시간 이상 지속된다고 예상될 때 황사경보를 발표한다.—옮긴이

## 꽃가루

공기 중에 떠다니는 삼나무나 노송나무의 꽃가루를 관측하고, 기온
과 날씨를 통해 꽃가루의 비산량을 예측한다. 환경성과 민간 기상회
사에서 실시하고 있다.

전년도의 여름이 더우면 다음 해 봄에 꽃가루의 비산량이 많아지
고, 따뜻하고 바람이 강한 날에 특히 많이 날린다.[6]


## 3개월 예보

계절 예보는 앞으로 1개월 동안, 3개월 동안의 날씨를 대상으로 삼
는다. 다만 계절 예보는 1개월 후, 3개월 후를 하루 단위로 날씨를 예
보하지는 않는다. 계절 예보는 평년의 상황과 비교하여 어떤 날씨가
예상되는지에 주목하는 점이 특징이다.

예를 들어 앞으로 1개월간의 예보를 하는 '1개월 예보'에서는 다
음 달의 특정일 날씨를 '맑음'이나 '비'라고 예보하는 것이 아니라,
1개월간의 대략적인 날씨를 '앞으로 1개월간은 흐리거나 비 오는 날
이 많다'와 같이 예보한다.

수치예보모델을 사용해서 예측한다는 점에서는 내일과 모레의 날
씨 예보와 같지만, 장기간의 날씨를 예측하는 계절 예보에서는 초
기 수치에 포함되는 아주 작은 오차가 크게 영향을 미쳐서 불확실성
이 높아지고 예측 불가능한 상태가 되는 경우가 있다. 그래서 복수

---

6  우리나라는 기상청에서 생활기상정보로서 꽃가루농도위험지수를 발표한다. 4~6월(참나무, 소
   나무)과 8~10월(잡초류)에 예보하며 1일 2회(6시, 18시) 제공된다.-옮긴이

의 예보를 실시한 뒤 그 결과를 통계적으로 처리하는 앙상블 예보[7]
수법을 통해 불확실성을 줄인다. 앙상블 예보는 1개월 예보, 3개월
예보, 난후기 예보, 한후기 예보인 사계절 예보에 사용되고 있다.

대체적인 경향을 계산하는 예보라서 적중률을 판단하기는 어렵다.

## 예보의 이모저모

일본의 민간 기상회사는 바다, 산, 골프장의 날씨나 스키장의 적설
예보 등 사용자에게 특화된 다양한 예보를 발표한다. 예를 들어 세
탁물 건조와 관련한 '세탁지수'는 날씨 방송에서도 보도되기 때문에
익숙한 사람도 많을 것이다.

또한 기온이나 날씨에 따라 판매량이 크게 달라지는 상품과 관련
해서 '맥주지수'나 '목캔디지수' 등을 발표하기도 한다. 그 밖에 '낙
뢰 확률'이나 '운량 확률' 등도 있다.

비교적 간단한 데이터 처리로 상관관계를 진단할 수 있기 때문에
앞으로도 독특한 예보가 무궁무진하게 등장할 가능성이 있다.[8]

## 다양한 예보가 나오는 이유

일본에서는 1994년까지 날씨 예보를 발표할 수 있는 기관은 기상청

---

7  관측 수치 중 초기 수치에 약간의 불규칙함을 부여해서 복수의 수치 예보를 실시하고, 그 평
   균(앙상블 평균)을 구하는 방법으로 대기 상태를 예측한다.
8  우리나라 기상청에서 발표하는 사용자 특화 예보에는 생활기상지수(체감온도, 자외선지수, 동파가
   능지수, 대기확산지수, 열지수, 불쾌지수), 보건기상지수(식중독지수, 감기가능지수, 천식폐질환가능지수, 뇌졸
   중가능지수, 꽃가루농도위험지수)가 있다.-옮긴이

뿐이었다. 그러나 기상예보사 자격이 생기면서 민간에서도 예보를 할 수 있게 되었고, 예보도 사용자에 맞춰 세심하게 이루어지게 되었다. 현재 다양한 예보가 발표되는 배경에는 이러한 이유가 있다.

꽃가루 예보, 자외선 예보 등도 10여 년 전까지는 생각지도 못했던 예보라고 할 수 있다. 많은 일본인에게 알레르기 질환이 퍼져서 삼나무화분증이 늘어나고, 오존층이 파괴되어 자외선 유입이 증가하는 현상으로 등장하게 된 것이다. 이렇듯 필요성에 따라 날씨 예보도 진화를 거듭해왔다.

지금까지의 예보는 위험을 피하거나 환경 문제를 파악하고 억제하기 위한 예보에 중점을 두었다. 그러나 앞으로는 '긍정적인 예보'도 발표되면 좋겠다. '무지개 예보'나 '녹색 섬광 예보[9]'가 발표되면 날씨 예보는 더욱 즐거워지지 않을까?

9　녹색 섬광이란 해돋이 직전 혹은 해넘이 직후에 녹색 빛이 순간적으로 번쩍 빛나거나 태양의 윗가장자리가 적색이 아니라 녹색으로 보이는 극히 드문 현상을 말한다. 녹색태양, 녹섬광이라고도 한다. '녹색섬광을 보면 행복해진다'는 말이 전해진다.

## 54

# 기상 관련 직업과 자격시험은 무엇이 있을까?

날씨에 관심이 많은 사람은 기상청이나 기상회사에서 일하고 싶다는 생각을 한 번쯤 해봤을 것이다. 기상예보사 자격시험에 도전하는 것도 추천하고 싶다.

### 기상청과 기상회사

기상학에 흥미가 많은 학생이라면 날씨와 관련된 직업을 선택하겠다고 마음먹은 경우도 많을 것이다. 순수하게 날씨를 예보하는 직장은 기상청과 민간 기상회사가 있다.

기상청 직원은 국가 공무원[1]이다. 기상청 근무의 큰 특징은 야근과 전근이 빈번하다는 점이다. 기상청의 전근은 도시 이동 수준이 아니다. 무인도나 남극으로 발령될 수도 있다. 전 세계 방방곡곡에 살아보고 싶은 사람이나 야행성인 사람에게는 천직일지도 모른다.

민간 기상회사에서 일하기 위해서는 입사시험과 면접을 통과해야한다. 일본기상협회와 웨더뉴스를 제외하면 소규모인 기업이 많고, 채용도 자주 이루어지지 않는다. 경제 상황이나 취업 시점에 따라 입사 시험의 난이도가 달라지는 듯하다. 공개 채용에 신입으로 지원해

---

1  일본 기상청은 국토교통성 산하 기관으로 국가공무원 시험에 합격하면 직원으로 채용한다. 기상대학교에 진학하는 방법도 있으며, 시험과 진학 모두 연령 제한이 있다.

서 떨어지더라도 수시 채용 전형으로 여러 회사에 척척 합격하는 사례도 있다.

일본의 기상회사는 저마다 특징이 다르며, 천둥·번개에 특화된 프랭클린재팬, 기상캐스터 업무에 특화된 웨더맵 등 다양하게 있다.[2]

## 기상예보사 자격시험

기상예보사란 기상예보사 시험에 합격하여 기상청에 등록된 사람을 말한다. 기상청과 기상회사에서 일할 때 기상예보사 자격증이 필수 조건은 아니지만, 취득해두면 당연히 여러모로 도움이 된다. 자격증은 기상에 대한 관심이 깊고, 기초적인 지식이 있다는 사실을 객관적으로 증명하기 때문이다. 기상예보사 시험에 합격하려면 미분방정식 등 대학 수준의 이과계 지식이 필요할 것 같지만, 사실 출제되는 수식은 대개 정해져 있다. 요령껏 공부하면 초등학생이나 중학생도 충분히 합격할 수 있다. 2019년 봄을 기준으로, 일본의 기상예보사 시험 최연소 합격자는 11세다(최고연령은 74세). 하지만 전문지식 분야에서는 상당히 난이도가 높은 문제도 출제되기 때문에, 기상학을 사랑하는 사람이라도 공부 없이 성공하기는 어려울 것이다.

시험의 합격률은 4% 정도다. 이 수치를 보면 높은 벽처럼 느껴질지도 모르지만 일반지식, 전문지식, 실기 2과목이 있어서 일부 과목 점

---

2  기상캐스터를 제외하면 전근은 많지 않을 것이다. 업무 내용에 따라서는 24시간 체제가 아닌 곳도 있으며, 일반 회사처럼 9~17시로 근무시간을 정하는 회사도 있다.

수만으로 합격하는 사람이 많다. 시험은 여름과 겨울, 1년에 2회 실시된다. 누적 합격자 수도 1만 명을 넘었다.

날씨와 기상이 좋은 사람, 특히 11세 미만이거나 74세를 넘은 사람은 기록 경신을 목표로 용감하게 도전해보면 어떨까?[3]

---

3  우리나라의 기상 관련 시험은 기상기사, 기상기술사, 기상예보사, 기상예보기술사, 기상감정사 시험이 있다.–옮긴이

# 자연재해 제로 사회를 목표로

지구온난화, 산성비, 삼림 파괴, 사막화…. 산업혁명이 일어난 이후 세계 인구가 급증함과 동시에 다양한 환경 문제가 우리를 덮쳤다. 기상 및 환경 문제 그리고 인구 폭발은 결코 분리해서 생각할 수 없는 문제다.

1970~1980년대에 들어 환경 문제가 격화되자 일본 정부도 필사적으로 인구수를 줄이려고 했다. 당시 신문에 대문짝만하게 인쇄되던 '아이는 2명만 낳자'라는 표어를 기억하는 사람도 있을 것이다.

하지만 버블 경제 붕괴 후 오랜 불황과 경제 침체에 빠지자, 일본 정부는 지구 환경을 생각할 여유를 잃고 손바닥을 뒤집듯이 출생률을 높이는 방향으로 노선을 바꾸었다.

환경 문제는 여전히 해결되지 않았다. 연간 4만 종(하루에 100종 이상)의 생물이 멸종하고 있다. 백악기 말기에 공룡이 멸종했을 때를 훨씬 뛰어넘는 비정상적인 속도라고 할 수 있다.

세계 인구가 1억 명을 넘지 않으면 전쟁, 기아, 환경 문제도 없어질 거라는 주장이 있다. 이 의견처럼 일본은 수십만 명, 세계는 수천만 명 정도가 적정 인구라고 생각한다. 적정 인구란 모든 사람이 아무 데나 배설하고 쓰레기를 버려도 환경과 위생 분야에 아무런 문제가 생기지 않는 인구수를 말한다. 실제로 큰 재해가 일어나서 사회 시스템이 마비되면 발생할 상황이므로 당연히 가정해보아야 한다.

세계 인구가 대폭 억제되면 주택이나 농지 등에 사용되는 토지가 줄어든다. 지구의 대부분을 자연 그대로 남겨둘 수 있다. 자연히 사람과 가깝게 지낼 수 없는 하마, 곰, 독나방, 말벌 같은 동물도 깊은 숲으로 돌아가게 될 것이다.

인간 사회에는 만원 전철도 교통 체증도 없어져서, 행렬과 혼잡이 사라진 세상이 될 것이다. 절벽이나 하천 등 재해가 발생할 수 있는 위험 지대에 집을 짓지 않아도 되며, 자연재해나 기상재해도 없어질 것이다. 땅값이 떨어져서 모두 넓은 집에서 살 수 있게 될 것이다. 이웃집과 거리도 멀어지므로 소음을 비롯한 이웃 간의 마찰도 거의 사라질 것이다.

물론 인구 감소에는 단점도 있다. 제일 먼저 떠오르는 것은 연금 문제다. 하지만 연금제도는 요모조모 뜯어볼수록 구시대적인 방식이다. 젊은이가 일해서 노인을 부양하는 시스템을 미련 없이 버리고, 완전히 새로운 시스템을 창조해야 하는 시대에 접어든 것은 아닐까?

국력과 경제력이 떨어지는 것도 우려되는데, 지구가 망가지면 경제도 의미가 없다. 영원히 성장해야 하는 '경제, 머니 게임'이야말로 '쓰레기 게임¹', '잘못 꿴 실'이었다는 것을 되돌아볼 기회일지도 모른다.

경제가 발전하지 않아도 잘 살 수 있고, 인구가 감소해도 문제없이 작동하는 새로운 '게임', '삶의 의미'를 처음부터 새롭게 정의할 각오도 필요할 것이다.

또한 저출산을 막지 못해서 노동력 부족이 심각해지면 사회 기반시설이 붕괴될 수도 있다는 의견도 있다. 이 문제는 한층 더 발전된 AI로 해결할 수 있으리라 기대하고 싶다.

환경 문제를 짚어서 말하다 보면 '인구를 줄이자'는 진부한(지금 일본은 진부함조차 사라진 것일까?) 결론에 도달하기 마련인데, 바꿔 말하면 유일한 방법이라는 의미가 된다.

다나카 유우 씨의 저서 『환경교육 선의의 함정』에서는 적은 인구로 유명한 아이슬란드에 대해서 다음과 같이 적고 있다.

아이슬란드에는 소규모의 자연 에너지로 살 수 있다는 가치관이 확립되어 있는데, 인구가 30만 명에 불과했기 때문에 공공사업도 거대하게 확장될 수 없고, 이권도 적으며, 다양한 의견을 나누기 쉬워서 서로 믿으며 살아가게 되었다.

---

1  처음에는 쓰레기같이 엉망인 게임, 하찮고 따분한 게임이라는 뜻이었지만, 이해 불가능한 난이도라서 정상적인 방법으로는 도저히 끝낼 수 없는 게임을 가리키는 일이 많아졌다.

또한 하나자토 다카유키 씨의 저서 『자연은 그렇게 약하지 않다: 오해투성이의 생태계』에서도 이런 결론을 맺고 있다.

사용 에너지가 적고 불편했던 옛날 생활로 돌아가는 것은 불가능하기 때문에 오직 인구를 줄이는 것만이 인류의 미래를 위한 선택지다.

일본은 초저출산 시대를 맞이하고 있는데, 비관하지 말고 세계를 선도할 인구 감소 사회의 성공 사례를 목표로 노력하면 어떨까? 현재의 세계 인구와 지구 자원량으로는 전체가 건강하고 문화적으로 살기는 불가능하며, 반드시 누군가가 희생되는 세상이기 때문이다.

우리는 미래의 아이들에게 어떤 선물을 남겨줄 것인가. 이러한 관점에서 진지하게 고민해야 할 시기일지도 모른다.[2]

---

2 '결혼도 출산도 의무가 아니다. 아이를 좋아하고, 정치관이라도 뛰어들 수 있다는 각오로 '나는 할 수 있다!'고 생각하는 사람만 육아에 도전하자'고 뉴스에서 선언해주면 좋겠다. 아동학대 같은 문제도 아이를 낳으라고 사회가 심하게 밀어붙인 폐해는 아닐까.

# 마치며

끝까지 읽어준 독자 여러분에게 감사 인사를 전하고 싶다.

책을 읽는 시간이 즐거웠기를 바란다. 만약 기상학의 재미를 다시 느꼈다거나, 날씨에 푹 빠져서 장래 희망을 기상예보사로 결정했다는 독자가 있다면 더할 나위 없이 기쁠 것이다.

기상학은 자연 현상을 다루기 때문에 어쩔 수 없이 법칙이나 공통점에 표준이 마련되어 있지만, 날씨는 무척 개성이 풍부하다는 사실을 실감하였으리라 믿는다.

저기압은 흐리기만 하는 경우도 있고, 억수같이 쏟아지는 뇌우가 되는 경우도 있다. 온난전선이 다가오면 깜짝 이벤트처럼 안개비가 내리다 그치는 경우도 있고, 줄기차게 작달비가 내리는 경우도 있다…. 모든 상황마다 다르다.

강의를 할 때마다 항상 언급하는 내용인데, "생물이 100만 종 있으면, 100만 가지 삶의 방식이 있다. 인간이 70억 명 있으면 70억 가지의 인생이 있다." 앞으로의 시대는 더욱 개성을 존중하는 시대가 될 것이다.

또한 이런 말도 하고 싶다. "부하의 개성을 살리는 상사는 리더이고, 모든 부하에게 같은 능력을 요구하는 상사는 폭군이다."

미래는 리더가 많은 시대, 리더가 되지 않는 선택도 인정받는 시대가 되길 바라는 마음을 하늘에 띄우며 이 책을 집필했다.

　이 책으로 만난 소중한 독자 여러분과 또 어딘가에서 새로운 인연으로 마주치길 기대한다.

　마지막으로 이 책의 출판을 수락해주고 많은 지도를 해주신 다나카 유야 님께 감사드린다.

가네코 다이스케

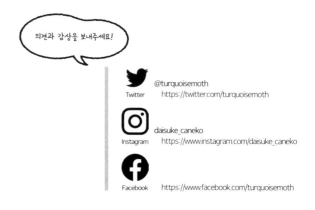

의견과 감상을 보내주세요!

Twitter　@turquoisemoth
https://twitter.com/turquoisemoth

Instagram　daisuke_caneko
https://www.instagram.com/daisuke_caneko

Facebook　https://www.facebook.com/turquoisemoth

# 참고 자료
·················

## 책

- 『一般気象学』小倉義光 著(東京大学出版会)

- 『暴風 · 台風びっくり小事典-目には見えないスーパー · パワー』島田守家 著(講談社)

- 『気象予報士 · 予報官になるには』金子大輔 著(ぺりかん社)

- 『こんなに凄かった! 伝説の「あの日」の天気』金子大輔 著(自由国民社)

- 『雷雨とメソ気象』大野久雄著(東京堂出版)


## 웹사이트

- 気象庁 http://www.jma.go.jp/jma/index.html

- 日本気象協会「tenki.jp」https://tenki.jp/

- 東京管区気象台 https://www.jma-net.go.jp/tokyo/

- 福岡管区気象台 https://www.jma-net.go.jp/fukuoka/index.html

- 熊谷地方気象台 https://www.jma-net.go.jp/kumagaya/index.html

- 学研キッズネット https://kids.gakken.co.jp/

- 教科学習情報 理科

  https://www.shinko-keirin.co.jp/keirinkan/kori/science/sci_index.html#top

- 高精度計算サイト https://keisan.casio.jp/

- 子供の科学のWEB サイト「コカねっと!」

  https://www.kodomonokagaku.com/

- 山賀 進の Web site https://www.s-yamaga.jp/index.htm


## 기사

- 世界・日本における雨量極値記録

  https://www.jstage.jst.go.jp/article/jjshwr/23/3/23_3_231/_pdf

- 【世界でも珍しい気象現象】日本海側で多発する"冬の雷"。

  落雷エネルギーは、夏の雷のなんと100 倍以上!

  https://latte.la/column/100220685

- そんなに日本が好きなの?! 秋台風の進路のナゾ…夏の台風とはどう違う?

  https://latte.la/column/99242903

- 少子化は本当に悪?戦争も飢餓も環境問 題もない世界を子どもたちに残すこと。

  https://latte.la/column/100220770

- 温暖化の科学 Q12 太陽黒点数の変化が温暖化の原因?

  – ココが知りたい地球温暖化(地球環境研究センター)

  http://www.cger.nies.go.jp/ja/library/qa/17/17-1/qa_17-1-j.html

- 2000年7月4日に起きた東京都心における短時間強雨の発生機構

  https://www.metsoc.jp/tenki/pdf/2008/2008_01_0023.pdf

- 平成12年5月24日関東北部で発生した降雹被害

  https://www.kenken.go.jp/japanese/contents/activities/other/disaster/
  kaze/2000kanto/index.pdf

- 「北極振動とは何ぞや?」(計算気象予報士の「こんなの解けるかーっ!?」)

  https://blog.goo.ne.jp/qq_otenki_s/e/da146689585c4d4c835489a38464963e

- 「温暖化の科学 Q14 寒冷期と温暖期の繰り返し-ココが知りたい地球温暖化」
  (地球環境研究センター)

  http://www.cger.nies.go.jp/ja/library/qa/24/24-2/qa_24-2-j.html

- 「黒潮大蛇行 くらしへの影響は」(NHK 解説委員室)

  http://www.nhk.or.jp/kaisetsu-blog/700/279354.html

- 「昨年から続く黒潮大蛇行、今後の生活や気象への影響は?」(ウェザーニュース)

  https://weathernews.jp/s/topics/201808/020165/